科学。奥妙无穷 ▶

声音的魔力

SHENGYINDE
MOLI

李应辉 编著

中国出版集团
现代出版社

目 录

目　录

走进声音

声音可以通过空气传到我们的耳朵里，然后传入我们的脑中。这其中有太多的问题叫我们不解，声音是如何形成的？为什么我们能够分辨出各种乐器的演奏声？音乐是怎样录制的？电影里的声音都是如何制作的……

早在石器时代，人类就已经发明了用声音交换信息的方法，也就是语言。正是由于沟通渠道的不断完善，我们才能进一步发展科学文化。此外，大自然赐予我们十分灵敏的听觉，使得我们即使在十分嘈杂的环境中，也能清晰地捕捉到很细微的声音。因此，人们能听到的音域范围极其广泛。我们的两只耳朵是相通的，并通过繁多的途径与大脑相连。我们听到的声音，会对我们的内心活动产生深远影响

最终，我们还利用科技手段，成功地将易逝的声音录记下来，并使它能够为我所用。今天，将音乐储存下来是件易如反掌的事情。然而在130年前，当人类首次使已经消逝的声音得以重现时，一度在世界范围内引起了巨大的轰动。如今，我们甚至可以利用声音这个载体检查身体，或者在地球内部探寻各种矿藏。

现在让我们一起悄悄地走进这个动听的世界，感受声音的奇妙。

声音是通过物体振动产生的声波。是通过介质（空气或固体、液体）传播并能被人或动物听觉器官感知的波动现象。

声音的原理 〉

声音是一种波动，当演奏乐器、拍打一扇门或者敲击桌面时，声音的振动会引起介质——空气分子有节奏的振动，使周围的空气产生疏密变化，形成疏密相间的纵波，这就产生了声波，这种现象会一直延续到振动消失为止。

声音可以被分解为不同频率不同强度正弦波的叠加。这种变换（或分解）的过程，称为傅立叶变换。因此，一般的声音总是包含一定的频率范围。人耳可以听到的声音的频率范围在20—2万赫兹（Hz）之间。高于这个范围的波动称为超声波，而低于这一范围的波动称为次声波。

声音的单位 〉

• 分贝(dB)

人们日常生活中遇到的声音，若以声压值表示，由于变化范围非常大，可以达6个数量级以上，同时由于人体听觉对声信号强弱刺激反应不是线形的，而是成对数比例关系，所以采用分贝来表达声学量值。

• 声功率(W)

声功率是指单位时间内，声波通过垂直于传播方向某指定面积的声能量。单位为 W。

• 声强(I)

通过垂直于声传播方向上的单位面积

上的平均声能量流称为平均声能量流密度或称为声强。

• 声压(P)

声压就是大气压受到扰动后产生的变化，即为大气压强的余压，它相当于在大气压强上叠加一个扰动引起的压强变化。

• 频率

声源每秒钟振动的次数称为频率。频率的单位是赫兹，简称赫，以符号 Hz 表示。赫兹（H·Hertz）是德国著名的物理学家，1887 年，是他通过实验证实了电磁波的存在。后人为了纪念他，把"赫兹"定为频率的单位。

声音的特性 >

• 响度

响度是人主观上感觉声音的大小（俗称音量），由"振幅"和人离声源的距离决定，振幅越大响度越大，人和声源的距离越小，响度越大。响度是人耳判别声音由轻到响的强度等级概念，它不仅取决于声音的强度，还与它的频率及波形有关。响度的单位为"宋"，1宋的定义为声压级为40dB，

频率为1000Hz，且来自听者正前方的平面波形的强度。如果另一个声音听起来比1宋的声音大n倍，即该声音的响度为n宋。

• 音调

音调指声音的高低（高音、低音），由"频率"决定，频率越高音调越高（频率单位Hz（hertz），赫兹，人耳听觉范围20—20000Hz。20Hz以下称为次声波，20000Hz以上称为超声波）例如，低音端的声音或更高的声音，如细弦声。频率是每秒经过一给定点的声波数量，它的测

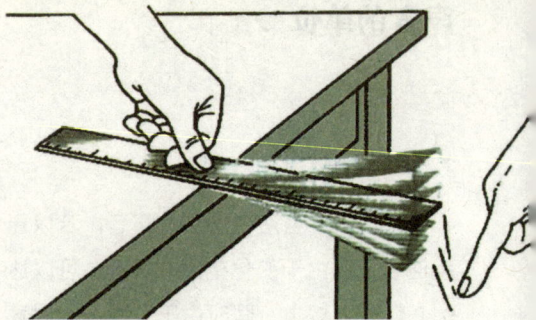

量单位为赫兹，是以一个名叫海里奇R.赫兹的人命名的。此人设置了一张桌子，演示频率是如何与每秒的周期相关的。1千赫或1000赫表示每秒经过一给定点的声波有1000个周期，1兆赫就是每秒钟有100万个周期，等等。

• 音色

又称音品，波形决定了声音的音色。声音因不同物体材料的特性而具有不同特性，音色本身是一种抽象的东西，但波形

是把这个抽象直观的表现。音色不同，波形则不同。典型的音色波形有方波、锯齿波、正弦波、脉冲波等。不同的音色，通过波形，完全可以分辨。

SHENGYINDEMOLI

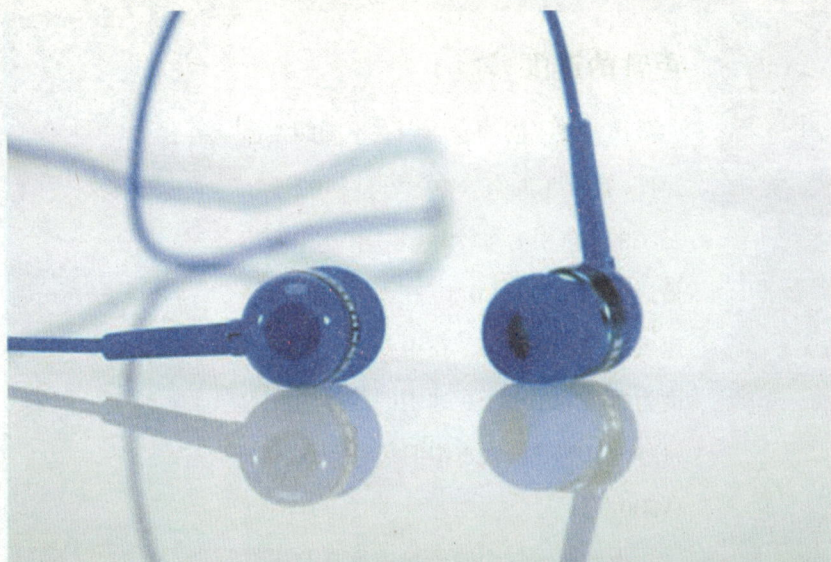

• 乐音

乐音是指有规则的让人愉悦的声音。噪音：从物理学的角度看，是指由发声体作无规则振动时发出的声音；从环境保护角度看，凡是干扰人们正常工作、学习和休息的声音，以及对人们要听的声音起干扰作用的声音都是噪音。

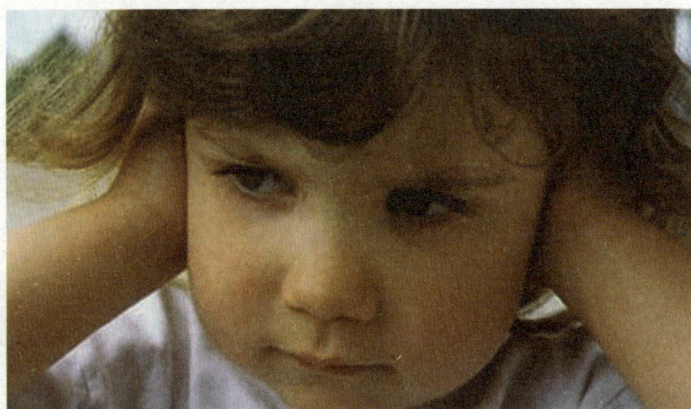

• 音调,响度,音色

是乐音的 3 个主要特征，人们就是根据它们来区分声音。

声音的速度 〉

声音在不同的介质中有不同的传播速度，在15°C的空气中为每秒340米，在25°C的空气中为每秒346米，在水中的传播速度为每秒1500米，在海水中的传播速度为每秒1530米，在钢铁中的传播速度为每秒5200米，在冰中的传播速度为每秒3160米，在软木中的传播速度为每秒500米。

声音在空气中的传播速度还与压强和温度有关。声音的传播需要物质，物理学中把这样的物质叫作介质。声音在空气中的速度随温度的变化而变化，温度每上升或下降5℃，声音的速度上升或下降3m/s。声音传播的关键因素是要有介质，介质指的是所有固体、液体和气体，这是声音能传播的前提。所以，真空不能传声。声音的传播速度与声源离观察者的距离，声源的振动频率、传播介质有关。声音的传播速度随物质的坚韧性的增大而增加，物质的密度减小而减少。如：声音在冰的传播速度比声音在水的传播速度快，冰的坚韧性比水的坚韧性强，但是水的密度大于冰，这就减少了声音在水与冰的传播速度的差距。

声音的混合与掩蔽 >

两个声音同时到达耳朵相混合时，由于两个声音的频率、振幅不同，混合的结果也不同。如果两个声音强度大致相同，频率相差较大，就产生混合音。但若两个声音强度相差不大，频率也很接近，则会听到以两个声音频率的差数为频率的声音起伏现象，叫作拍音。如果两个声音强度相差较大，则只能感受到其中一个较强的声音，这种现象叫作声音的掩蔽。声音的掩蔽受频率和强度的影响。如果掩蔽音和被掩蔽音都是纯音，那么两个声音频率越接近，掩蔽作用越大，低频音对高频音的掩蔽作用比高频音对低频音的掩蔽作用大。掩蔽音强度提高，掩蔽作用增加，覆盖的频率范围也增加，掩蔽音强度减小，掩蔽作用覆盖的频率范围也减小。

声音的魔力

声音的释义

1. 指由物体振动而发生的声波通过听觉所产生的印象。

《礼记·乐记》："乐必发於声音，形於动静，人之道也。"清朝李渔《巧团圆·默订》："你看卧房门启，想是曹小姐听见声音，知道小生在此，又出来探望了。"沈从文《从文自传·我读一本小书同时又读一本大书》："若在四月落了点小雨，山地里田塍上各处全是蟋蟀声音，真使人心花怒放。"

2. 古指音乐、诗歌。

《礼记·乐记》："声音之通，与政通矣。"晋代葛洪《抱朴子·勖学》："沉鳞可动之以声音，机石可感之以精诚。"唐朝柳宗元《唐故万年令裴府君墓碣》："〔裴公〕喜博弈，知声音。"明代顾起纶《国雅品·释品》："鲁山，秦人也，喜儒，嗜声音。"

3. 指说话的声气和口音。

《孟子·告子下》："訑訑之声音颜色距人於千里之外。"唐姚揆《秋日江东晚行》诗："路岐滋味犹如旧，乡曲声音渐不同。"宋苏轼《东坡志林·辨附语》："世有附语者，多婢妾贱人，否则衰病不久当死者也，其声音举止，皆类死者。"《醒世恒言·蔡瑞虹忍辱报仇》："瑞虹在舱中，听得船头说话，是淮安声音，与贼头陈小四一般无二。"

4. 比喻意见、论调。

毛泽东《关于正确处理人民内部矛盾的问题》："这是因为一个党同一个人一样，耳边很需要听到不同的声音。"魏巍《壮行集·幸福的花为勇士而开》："这不是有闲阶级、士大夫之流的声音吗？"

16

声音的污染——噪声

人类生活在一个声音的环境中，通过声音进行交谈、表达思想感情以及开展各种活动。但有些声音也会给人类带来危害。例如，震耳欲聋的机器声，呼啸而过的飞机声等。这些为人们生活和工作所不需要的声音叫噪声，从物理现象判断，一切无规律的或随机的声信号叫噪声；噪声的判断还与人们的主观感觉和心理因素有关，即一切不希望存在的干扰声都叫噪声，例如，在某些时候，某些情绪条件下音乐也可能变成噪声。

噪声是发生体做无规则振动时发出的声音。生理学定义：凡是妨碍人们正常休息、学习和工作的声音，以及对人们要听的声音产生干扰的声音。从这个意义上来说，噪音的来源很多，如街道上的汽车声、安静的图书馆里的说话声、建筑工地的机器声以及邻居电视机过大的声音等。

噪声的产生 〉

从物理角度看，噪声是发声体做无规则振动时发出的声音。

转动机械：许多机械设备的本身或某一部分零件是旋转式的，常因组装的损耗或轴承的缺陷而产生异常的振动，进而产生噪音。

共振：每个系统都有其自然频率，如果激振的频率范围与自然频率有所重叠，将会产生大振幅的振动噪音，例如引擎、马达等。

磨擦：此类噪音由于接触面与附着面间的滑移现象而产生声响，常见的设备有切削、研磨等。

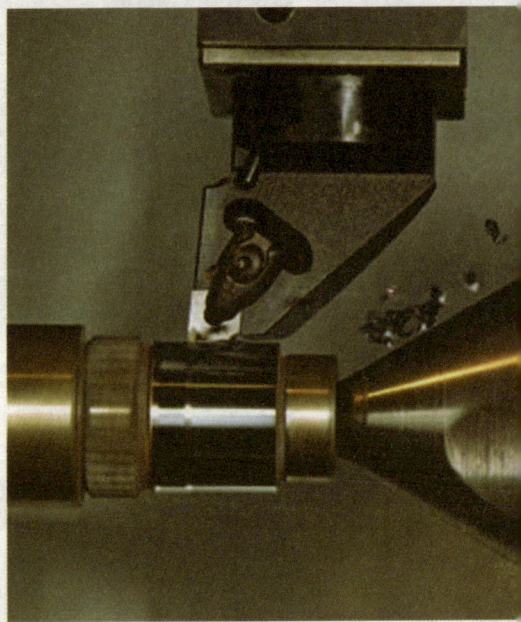

冲击：当物体发生冲击时，大量的动能在短时间内要转成振动或噪音的能量，而且频率分布的范围非常广，例如冲床、压床、锻造设备等都会产生此类噪音。

流场所产生的噪声 〉

流动所产生的气动噪声, 乱流、喷射流、气蚀、气切、涡流等现象。当空气以高速流经导管或金属表面时, 一般空气在导管中流动碰到阻碍产生乱流或大而急速的压力改变均会有噪声的产生。

环境噪声: 一般环境噪音来自随机的噪音源。环境噪声的来源有4种: 一是交通噪声, 包括汽车、火车和飞机等所产生的噪声; 二是工厂噪声, 如鼓风机、汽轮

机、织布机和冲床等所产生的噪声; 三是建筑施工噪声, 像打桩机、挖土机和混凝土搅拌机等发出的声音; 四是社会生活噪声, 例如, 高音喇叭、收录机等发出的过强声音。

燃烧产生的噪声: 在燃烧过程中可能发生爆炸、排气以及燃烧时上升气流影响周围空气的扰动, 这些现象均会伴随噪音的产生。例如引擎、锅炉、熔炼炉、涡轮机等这一类的燃烧设备均会产生这一类的噪音。

其他噪声: 在日常生活中, 诸如室内各项家庭用具均会发生声音, 如冷气机、音响、抽油烟机、电视、空调设备, 均为噪音源。另外, 如学校、商场、公园、体育场等公共场所亦可视为噪音产生的场所。

声音的传播形式——声波

声波是指起源于发音体的振动通过弹性媒介物传播的一种机械波。物体振动激荡了周围的空气或其他媒介物，放射出一串波动，由中心向四周散开，形成疏密相间的声波。声波传入人耳，引起鼓膜振动，刺激人的听觉神经，就形成人对声音的感觉。频率在20赫到20千赫的声波传入人耳时能引起声音的感觉，称可听声，也简称声波。频率高于20千赫的声波称超声波，频率低于20赫的称次声波。声波在空气中传播时，空气分子在杂乱无章的运动中附加了一个有规律的运动，使局部空气的密度产生稠密和稀疏的交替变化。

次声波 〉

频率小于20Hz（赫兹）的声波叫作次声波。次声波不容易衰减，不易被水和空气吸收。而次声波的波长往往很长，因此能绕开某些大型障碍物发生衍射。某些次声波能绕地球2至3周。某些频率的次声波由于和人体器官的振动频率相近，容易和人体器官产生共振，对人体有很强的伤害性，危险时可致人死亡。

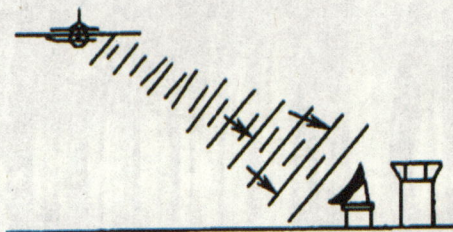

• 次声波的危害

次声波会干扰人的神经系统正常功能，危害人体健康。一定强度的次声波能使人头晕、恶心、呕吐、丧失平衡感甚至精神沮丧。有人认为，晕车、晕船就是车、船在运行时伴生的次声波引起的。住在十几层高的楼房里的人遇到大风天气，往往感到头晕、恶心，这也是因为大风使高楼摇晃产生次声波的缘故。更强的次声波还能使人耳聋、昏迷、精神失常甚至死亡。

• 次声波的应用

1. 通过研究自然现象所产生的次声波的特性和产生的机理，更深入地研究和认识这些自然现象的特征与规律。例如，利

24

用极光所产生的次声波，可以研究极光活动的规律。

2.利用所接收到的被测声源产生的次声波，可以探测声源的位置、大小和研究其他特性。例如，通过接收核爆炸、火箭发射或者台风产生的次声波来探测出这些次声源的有关参量。

3.预测自然灾害性事件。许多灾害性的自然现象，如火山爆发、龙卷风、台风等，在发生之前可能会辐射出次声波，人们就有可能利用这些前兆现象来预测和预报这些灾害性自然事件的发生。

4.次声波在大气层中传播时，很容易受到大气介质的影响，它与大气层中的风和温度分布等因素有着密切的联系。因此，可以通过测定自然或人工产生的次声波在大气中的传播特性，探测出某些大规模气象的性质和规律。这种方法的优点在于可以对大范围大气进行连续不断的探测和监视。

5.通过测定次声波与大气中其他波动的相互作用的结果，探测这些活动特性。例如，在电离层中次声波的作用使电波传播受到行进性干扰，可以通过测定次声波的特性，进一步揭示电离层扰动的规律。

6.人和其他生物不仅能够对次声波产生某些反应，而且他（或它）们的某些器官也会发出微弱的次声波。因此，可以利用测定这些次声波的特性来了解人体或其他生物相应器官的活动情况。

超声波 >

　　超声波是频率高于20000赫兹的声波，它方向性好，穿透能力强，易于获得较集中的声能，在水中传播距离远，可用于测距、测速、清洗、焊接、碎石、杀菌消毒等。在医学、军事、工业、农业上有很多的应用。超声波因其频率下限大约等于人的听觉上限而得名。

超声波的应用

　　1. 利用超声波的巨大能量可以把人体内的结石击碎。

　　2. 清理金属零件、玻璃和陶瓷制品的除垢是件麻烦事。如果在放有这些物品的清洗液中通入超声波，清洗液的剧烈振动冲击物品上的污垢，能够很快清洗干净。

　　3. 用超声波探测金属、陶瓷混凝土制品，甚至水库大坝，检查内部是否有气泡、空洞和裂纹。

　　4. 人体各个内脏的表面对超声波的反射能力是不同的，健康内脏和病变内脏的反射能力也不一样．平常说的"B超"就是根据内脏反射的超声波进行造影，帮助医生分析体内的病变。

● 神奇的耳朵

耳朵——听觉器官。位于眼睛后面，它具有辨别振动的功能，能将振动发出的声音转换成神经信号，然后传给大脑。在脑中，这些信号又被翻译成我们可以理解的词语、音乐和其他声音。

耳朵的机构 ＞

在解剖学中，耳朵由外耳、中耳、内耳三部分构成。

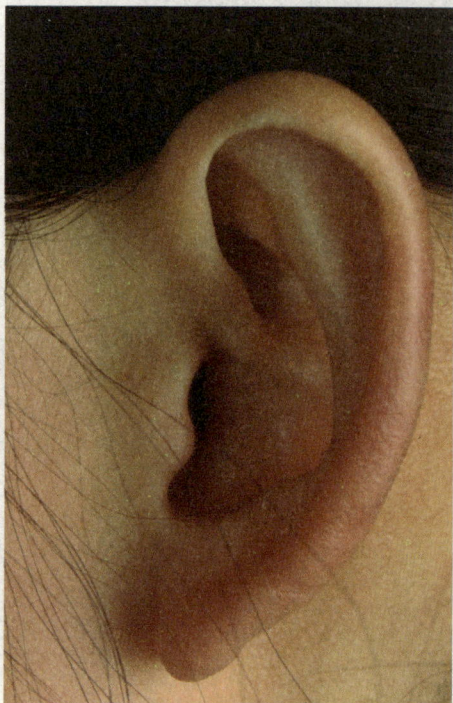

耳轮 —— 对耳轮脚
三角窝 ——
耳轮脚
耳屏
对耳轮 ——
对耳屏
耳垂

这时你所听到的声音会感觉更响。

当声音向鼓膜传送时，外耳道能使声音增强，此外，外耳道具有保护鼓膜的作用，耳道的弯曲形状使异物很难直入鼓膜，耳毛和耳道分泌的耵聍也能阻止进入耳道的小物体触及鼓膜。外耳道的平均长度2.5cm，可控制鼓膜及中耳的环境，保持耳道温暖湿润，能使外部环境不影响和损伤到中耳和鼓膜。

• 中耳

中耳由鼓膜、中耳腔和听骨链组成。听骨链包括锤骨、砧骨和镫骨，旋于中耳腔。中耳的基本功能是把声波传送到内耳。

声音以声波方式经外耳道振动鼓膜，鼓膜位于外耳道的末端，呈凹形，正常为珍珠白色，振动的空气粒子产生的压力变化使鼓膜振动，从而使声能通过中耳结构转换成机械能。

由于鼓膜前后振动使听骨链作活塞状移动，鼓膜表面积比镫骨足板大好几倍，

• 外耳

外耳是指能从人体外部看见的耳朵部分，即耳廓和外耳道。耳廓对称地位于头两侧，主要结构为软骨。耳廓具有两种主要功能，它既能排御外来物体以保护外耳道和鼓膜，还能起到从自然环境中收集声音并导入外耳道的作用。将手作环状放在耳后，很容易理解耳廓的作用效果，因为手比耳廓大，能收集到更多的声音，所以

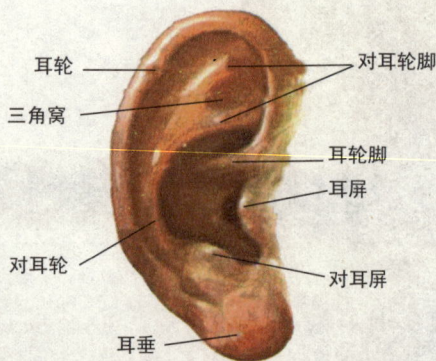

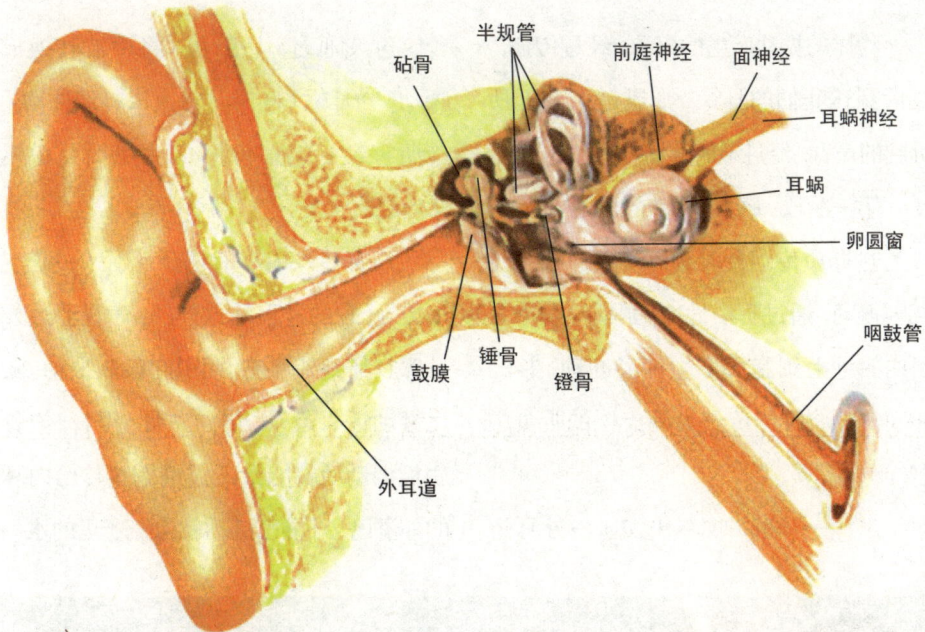

声能在此处放大并传输到中耳。由于表面积的差异，鼓膜接收到的声波就集中到较小的空间，声波在从鼓膜传到前庭窗的能量转换过程中，听小骨使得声音的强度增加了30dB。

为了使鼓膜有效地传输声音，必须使鼓膜内外两侧的压力一致。当中耳腔内的压力与体外大气压的变化相同时，鼓膜才能正常地发挥作用。耳咽管连通了中耳腔与口腔，这种自然的生理结构起到平衡内外压力的作用。

于颞骨岩部内的一系列管道腔，我们可以把内耳看成3个独立的结构：半规管、前庭、耳蜗。前庭是卵圆窗内微小的、不规则形状的空腔，是半规管、镫骨足板、耳蜗的会合处。半规管可以感知各个方向的运动，起到调节身体平衡的作用。耳蜗是被颅骨包围的像蜗牛一样的结构，内耳将在此将中耳传来的机械能转换成神经电冲动传送至大脑。

• 内耳

内耳的结构不容易分离出来，它是位

31

听觉的产生 ❯

物体的振动产生的声源，经过传播，最后到达我们的耳朵，形成最后我们所听到的声音，经过了两个阶段。

第一阶段：声音的传导过程。外界声波通过介质传到外耳道，再传到鼓膜。鼓膜振动，通过听小骨传到内耳，刺激耳蜗内的纤毛细胞而产生神经冲动。神经冲动沿着听神经传到大脑皮层的听觉中枢，形成听觉。

声源→耳廓（收集声波）→外耳道（使声波通过）→鼓膜（将声波转换成振动）→耳蜗（将振动转换成神经冲动）→听神经（传递冲动）→大脑听觉中枢（形成听觉）。

声音传入内耳有两条路径：一是空气传导，它的过程是这样的：声音经过外耳廓收集到外耳道，而引起鼓膜振动，随之带动锤骨运动，传向砧骨、镫骨，镫骨底板振动后将能量透过前庭窗传给内耳的外淋巴，外淋巴流动就像瓶子里的水一

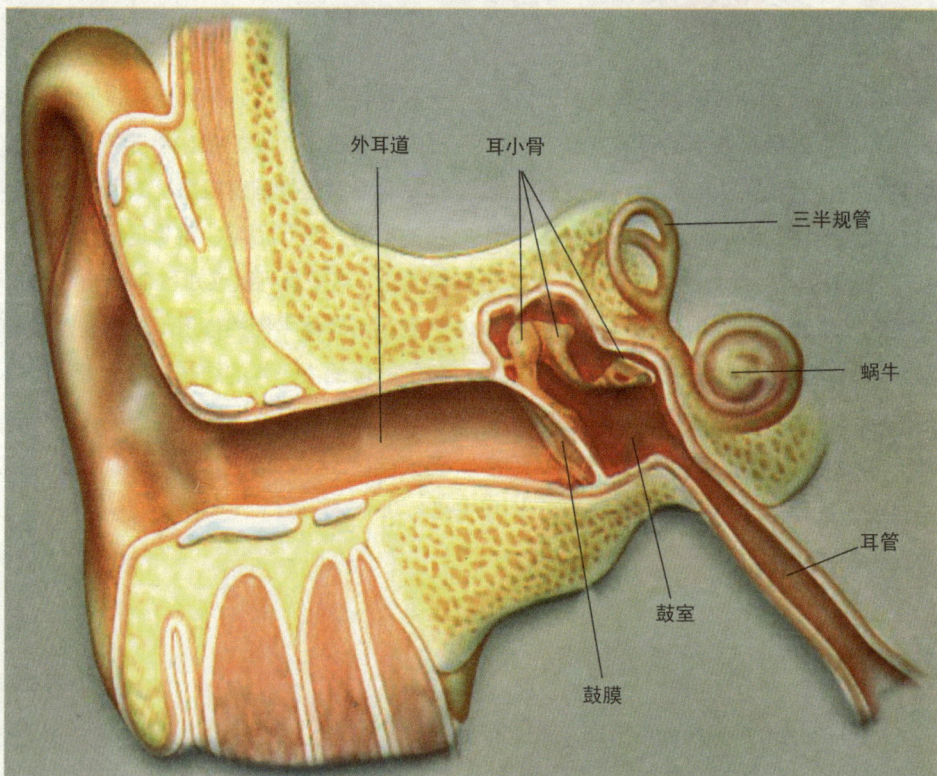

外耳道　　　耳小骨

三半规管

蜗牛

耳管

鼓室

鼓膜

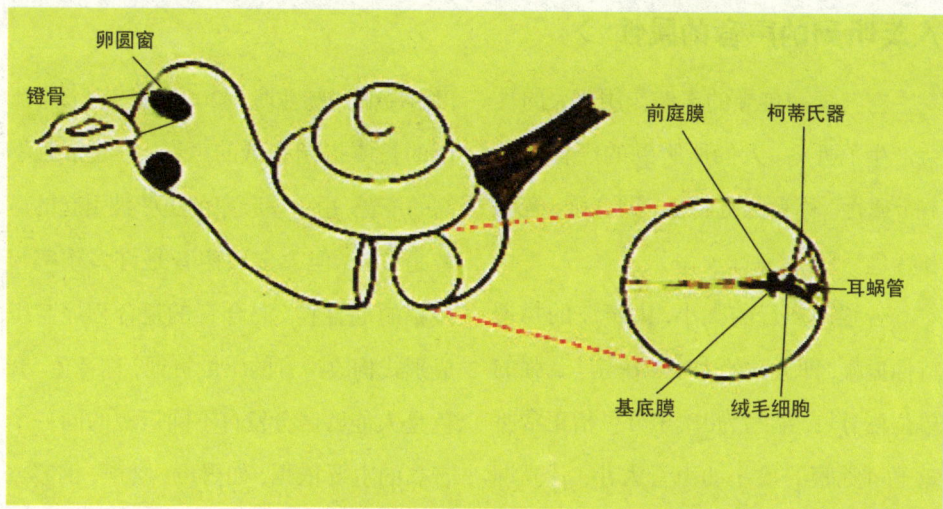

样晃来晃去,带动了其内的基底膜波动。在这个过程中,耳廓的作用就是收集声音,辨别声音的来源方向。人的耳廓已经退化了,不像其他动物那样大而灵活,可以动来动去,所以有时候听声音需要手放在耳廓上或转动头部来协助。但外耳道能对声音进行增压并保护耳朵的深部结构免受损伤。在声音的空气传导过程中,鼓膜和三块听小骨组成的听骨链作用最大。因为鼓膜为一层薄薄的膜状物,它的振动频率一般与声波一致,最能感应声波的振动,并且能把声波的能量扩大17倍。而听小骨以最巧妙的杠杆形式连接成听骨链,又把声音能量提高了1.3倍。二是骨传导,声波能引起颅骨的振动,把声波能量直接传到外淋巴产生听

觉。这好像有点不可思议,看不到、抓不着的声波能振动坚硬沉重的头颅骨?但这的确是事实,而且有移动式骨导和压缩式骨导两种方式呢!只是骨导在声音传导过程中不是主要方式罢了。

第二阶段:声音的感觉过程,它主要是由内耳的耳蜗完成的。当空气传导和骨传导的声音振动了外淋巴后,也就波动了生长于其内的基底膜。基底膜就像一大排并排排列的从长到短的牙刷。声波能量使"牙刷毛"(既基底膜上的纤毛细胞)发生弯曲或偏转,这种弯曲和偏转能产生电能,并沿着"牙刷柄"传向神经中枢,产生听觉。不同频率的声音总能找到一个长短合适的"牙刷"配对,产生最佳共振。

人类听到的声音的属性 >

空气振动传导的声波作用于人的耳朵产生了听觉。人们所听到的声音具有三个属性。称为感觉特性，即音强、音高和音色。

音强即声音的大小，由声波的物理特性振幅，即振动的大小所决定。音强的单位称分贝，缩写为dB。0分贝指正常听觉下可觉察的最小的声音大小。音高即声音的高低，由声波的频率，即每秒振动次数决定，常人听觉的音高范围很广。可以由最低20赫兹听到20000赫兹。日常所说的长波指频率低的声音，短波指频率高的声音。由单一频率的正弦波引起的声音是纯音，但大多数声音是许多频率与振幅的混合物。混合音的复合程序与组成形式构成声音的质量特征，称音色。音色是人能够区分发自不同声源的同一个音高的主要依据，如男声、女声、钢琴、提琴即使表演同一个曲调，听起来仍各不相同。

听力的范围 >

正常人能够听见20Hz到20000Hz的声音，而老年人的高频声音减少到10000Hz（或可以低到6000Hz）左右。人们把频率高于20000Hz的声音称为超声波，低于20Hz的称为次声波。超声波和正常声波遇到障碍物后会向原传播方向的反方向传播，而部分次声波（低于可以穿透障碍物，俄罗斯在北冰洋进行的核试验产生的次声波曾经环绕地球6圈。超低频率次声波比其他声波（10Hz以上的声波）对人更具破坏力，一部分可引起人体血管破裂导致死亡，但是这类声波的产生条件极为苛刻，能让人遇上的几率很低。人的发声频率在100Hz（男低音）到10000Hz（女高音）范围内。

蝙蝠就能够听见频率高达120000赫兹的超声波，它发出的声波频率也可达到120000赫兹。蝙蝠发出的声音，频率通常在45000赫兹到90000赫范围内。狗能听见高达50000赫兹的超声波，猫能听见高达60000赫兹以上的超声波，但是狗和猫发出的声音，都在几十到几千赫兹的范围内。

蝴蝶翅膀扇动频率很小，每秒大约5次。所以我们一般听不到蝴蝶翅膀扇动的声音。

听觉对声音的认识 〉

听觉对声音的认识是有一定规律的。可以分为：听觉察知、听觉注意、听觉定向、听觉辨别、听觉记忆、听觉选择和听觉反馈，最后形成听觉概念，对声音信息做出正确的反应，这几个阶段是互相联系、互相促进的。

听觉察知：就是判断声音的有无，是人耳对不同频率、不同音强、不同音色声音的感受能力。

听觉注意：是一种与听觉有关的心理活动，是人们为了满足某种心理需要而对声音倾注、聆听的活动，它建立在听觉察知的基础之上，并且这种声音对听者还是具有某种程度的意义，才会产生听觉注意。听障儿童因为对声音知之甚少，而且缺乏对声音意义的认识，因此常常是听而不闻，需要训练者将声音与其意义联系起来，有意识地培养他们聆听的兴趣和习惯。

听觉定向：就是辨别声音的方向，即寻找声源的一种能力，双耳听力的存在听觉定向起到了很大的作用。这种能力需要建立在听觉感知和听觉注意的基础之上。

听觉识别：是区别声音异同的一种能力。它需要有关感官的参与和大脑分析综合作用的参与。听障儿童听觉识别能力的提高，有赖于听觉察知、注意、定向等能力的培养，有利于丰富听障儿童的听觉经验。帮助听障儿童学会把生活中不同的声音及其代表的不同的事物联系起来，建立听觉的不同表象，是培养听觉识别能力的基本任务。

听觉记忆：是在辨别声音的基础上，声音信号在大脑中的储存。

听觉选择：是在两种以上的声音中，或者在噪音环境中选择性听取自己需要的、或感兴趣的、有吸引力的声音的一种能力。

听觉反馈：是人们听到声音或语言后出现的一种自我调节反应，例如：在声音环境中提高嗓门说话模仿发音时，不断通过听觉反馈自我调节，直到准确无误地发音为止。听障儿童听觉反馈对于学习有声语言、克服言语发音不清等具有极为重要的作用。

听觉概念：是在以上各个阶段熟练的基础上，经过大脑的思维活动，对声音信号所反映出的事物本质的认识。

儿童的听觉发育 〉

人在出生时就已经具备明显的听觉能力，有研究表明，尚未出生的胎儿就有了明显的听觉反应。新生儿不仅能够听见声音，还能区分声音的高低、强弱、品质和持续时间。还有人发现，新生儿在听成人说话时，能准确地使自己的身体运动或动作的节律与成人语言的节奏相吻合，这种对人类语言的同步反应能力能够激发父母与婴儿进行"语言交往"的兴趣和热情，从而为其学习和掌握语言提供良好环境。随着年龄的增长，儿童听觉的敏感性，语音听觉功能以及音乐感知能力也就不断提高。研究表明，在12—13岁以前，儿童听觉的敏感性一直在增长，成年以后听力就逐渐下降，年老时，高频部分的听力逐渐丧失。

• 婴幼儿听觉发展

心理学家在研究的基础上把婴幼儿听觉发展能力描述为以下过程：

1—2月：在睡眠中突然听到声音会出现惊跳反射，上下肢抖动。

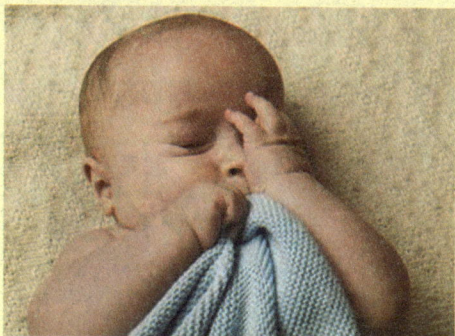

3个月：开始出现区别不同声音的能力和情绪反应。如喜欢听音乐，对妈妈的声音特别敏感。

4个月：开始寻找声源，出现听觉注意。

5个月：能感知熟悉的声音，习惯言语声。

6个月：呼唤时能面向发声方向，出现听觉定向。

7个月：开始注意说话者的口型，有了言语听觉。

8个月：开始对声音进行自我调节。

9个月：开始"懂话"。

10个月：能利用听觉模仿学习语言，学习说话。

11个月：可以随着音乐摆手，出现对音乐的欣赏能力。

12个月：能寻找视野以外的声音，主动听取声音的能力大大增强。

1岁—1岁半：能寻找隔壁房间的声音，询问熟悉的画面名称，对语言的理解逐渐增多，从听词和短语发展到听简单句和较

长的句子，并开始喜欢听有简单情节的故事。

2岁：理解语言记忆进一步增多，表达能力有了发展，开始有简单的对话能力，能按要求干力所能及的事。

3—4岁：听觉记忆增强，能依次说出物体的名称，开始学习简单的常见字词。

5岁：听觉的理解能力及语言能力大大提高，为6岁读书、识字，进入小学做准备。

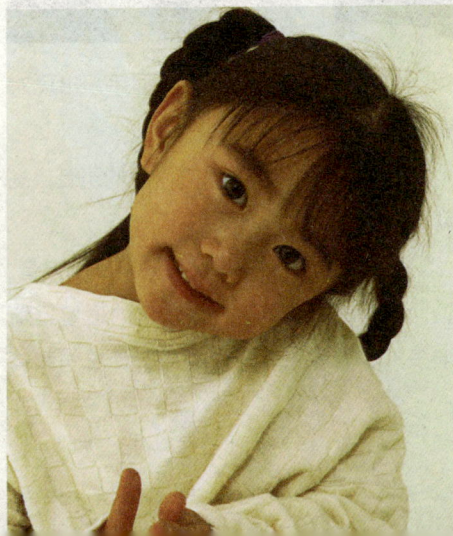

听觉理论 >

解释听觉现象及其机制的学说有很多。声波如何产生听觉，一直是人们感兴趣的问题。一个完整的听觉理论应当是对整个听觉机制的阐述。但是，历史上的一些经典的听觉理论，实际上只涉及到耳是如何辨别音高的，因而只是一种耳

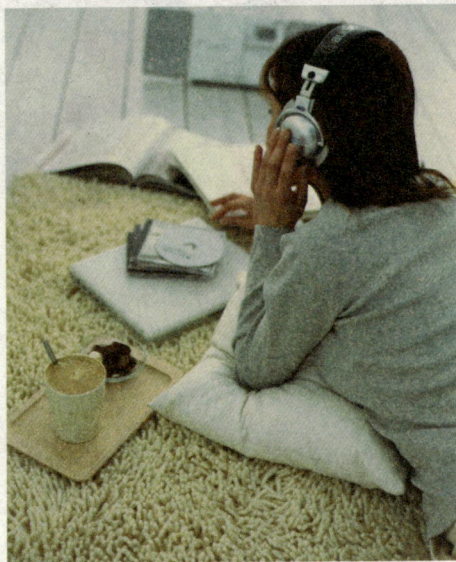

蜗的音高学说。随着近代电子计算机技术和神经电生理学的进展，虽然对听觉中枢的功能有了某些了解，但总的说来，对听觉系统如何加工来自外周的听觉信息以及如何产生听觉仍然知道很少。

在耳蜗对声波分析的功能方面，根据音高知觉及其辨别的方式，曾提出过几种不同的听觉理论。

• 位置学说

它有两个假定：1. 声音刺激在耳蜗中经过频谱分析，不同频率引起基底膜不同部位的具有一定特征频率的神经元的兴奋。2. 某种声音刺激的音高与由该刺激所产生的兴奋模式有关。第一点假定已经被证实，特别有力的证据来自对基底膜运动的直接观察。第二点假定则还有争论。

• 听觉共振—位置学说

又称共鸣说。1857 年赫尔姆霍茨提出耳蜗是一排在空间上对不同频率调谐的分析器。在基底膜上有长短不同的横纤维，其作用很像一个微小的共鸣器，每一根纤维都与不同的频率相调谐。位于耳蜗基底部的短纤维对高频发生反应，而在耳蜗顶部的长纤维则对低频发生反应。基底膜的纤维由短到长连续排列，与其相调谐的频率也由高到低连续变化。当受到某一音调刺激时，基底膜相应区域的共鸣器便发生共振，与其相联系的神经纤维因而也发生兴奋。音调的频率不同，它所刺激的基底膜上的共鸣器和相应的神经元也不同。因此，每一种音调在基底膜上都有其特定的位置和神经代表。

此后，新的科学事实的发现使赫尔姆霍茨的共鸣说不断受到冲击。例如，研究发现，基底膜是由相互交织在一起的纤维组成的。因此，每一根横纤维作为一种共鸣器对不同的频率单独发生反应看来是不可能的。此外，从横纤维的数量来看，也远不能与我们可以辨别的音高数目相比。对共鸣器的调谐、选择性等其他特性，赫尔姆霍茨也没能给予很好的解释。

• 行波学说

1928 年以来，贝凯西进行了一系列的实验。他首先注意到，任何具有弹性的物体受到振动时，总要产生一种波的运动，即行波。他进而发现基底膜的横向和纵向的张力几乎是相同的。因此，基底膜的横纤维不可能是对不同频率调谐的共鸣器。后来他又发现，基底膜不同部位的弹性很不同，其基底与蜗顶相差约 100 倍。同时，自耳蜗基底到蜗顶基底膜的宽度和硬度也逐渐变化。耳蜗基底膜的这些物理特性，可以完成对声波频率的初步分析。贝凯西首先在耳蜗模型上，后来又在显微镜下直接观察人的耳蜗基底膜的运动，发现当镫骨底板运动时，在基底膜上的确产生一种行波，它们从比较硬的基底向比较柔韧的蜗顶运动，该行波的波幅逐渐加大，当达到最大值时便迅速下降。行波在各瞬间的波峰所联成的包络的最大值在基底膜上形成一个区域，这一区域内的基底膜偏转也最大，基底膜的不同区域与不同的声波频率有关。高频位于耳蜗的基底，而低频则位于耳蜗的顶部，这与赫尔姆霍茨的早期假定是一致的。

• 频率学说

以 W·卢瑟福为代表的频率学说认为，耳蜗的基底膜是作为一个整体与外界的声波频率发生相应振动的，音高辨别不依赖声音频率在基底膜上的空间分析，听神经发射的神经脉冲可以复制外界声波的频率。耳的作用就像电话机的送话器一样，是声音刺激的转换机制。因此，人们常常把这种学说称作电话学说。虽然卢瑟福在当时已经注意到破坏耳蜗的不同部位会给音高辨别带来不同的影响，即不同频率的听力与耳蜗基底膜的不同部位有一定的对应关系，这一事实是电话学说所无法解释的。

• 排放学说

又称共振—排放学说。它既承认不同的刺激频率在基底膜上起作用的部位不同，也肯定声刺激引起的神经脉冲能反映声音的频率，所以它是频率与位置学说的结合。

听觉生理机制的研究 >

神经电生理学的研究证明，虽然由数千条神经纤维组成的听神经的放电频率可以与刺激的声波频率相同步，但是单个听神经纤维的放电频率不超过每秒数百次。为了解释整个听神经的这种同步活动，E·G·韦弗1949年提出了排放学说。这种学说认为，整条听神经对高频的同步放电，可能是听神经内具有不同兴奋时相的许多神经纤维协同活动的结果，由于对不同时相发生反应的神经纤维之间的交替排放，便能达到与较高的刺激频率相同步。但是，当声波频率超过5000赫时，听神经就不再产生同步放电，这时，赫尔姆霍茨所假定的共振—位置原则就可能起作用了。

如上所述，在耳蜗内对频率进行分析，位置学说和频率学说二者在一定范围内可能都是正确的。正像贝凯西所证明的那样，对低于100赫以下的频率来说，基底膜的振动模式不再按频率的函数而变化，这说明位置原则对低频来说不适用，然而频率学说所说的在信号的特定相位上发生反应的低频神经元这时可能发生作用。同样，当刺激的频率超过5000赫时，听神经也不再发生同步放电

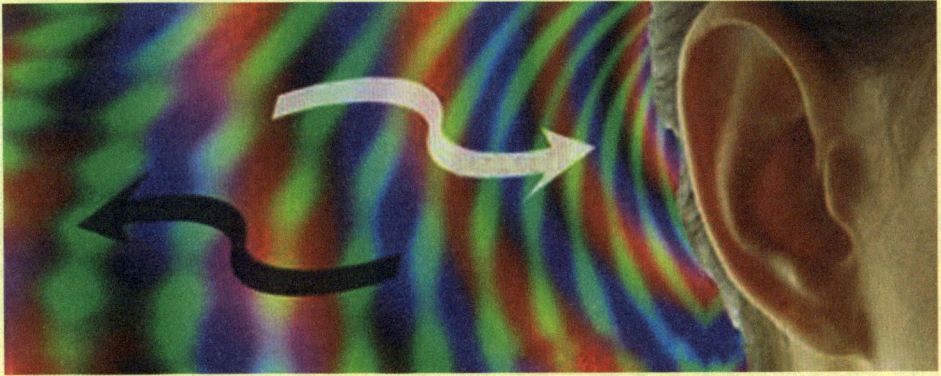

反应，这时位置原则中的行波学说可能在发生作用。对比较宽的中频范围来说，两种学说可能都有效。由此可见，在听觉理论中，位置学说中的行波学说与频率原则中的排放学说相结合，在耳蜗中便可以初步完成对整个可听声频范围的频率分析。

辨别音高的神经机制目前还不十分清楚，从神经解剖学来看，自耳蜗到大脑听皮层的神经通路是所有感觉通路中最复杂的。神经电生理学的研究已证实，单个神经纤维的放电多发生在刺激波形的特定相位上。因此，在听神经纤维的放电模式中包含着刺激的时间信息。此外，不同的听神经纤维对不同的声刺激频率也有其特有的频率选择性。并且具有不同频率选择性的纤维，在听神经中又是按一定次序排列的。对高频选择反应的纤维在听神经束的外周，从神经束的外周到中心，神经纤维可选择的频率由高到低依次降低。这表明，频率分析沿基底膜分布的位置原则在听神经中被保存了下来。近年来的一些研究还证明，这种音调定位的组织结构沿着听觉系统传导通路直到大脑听皮层区也都明显地存在着。

听觉系统高级中枢的多数神经元都和视觉系统的神经元一样，只对刺激的某些特征发生反应。也就是说，听觉系统也有不同的特征觉察器。这些特征觉察器使不同水平的中枢都具有相当复杂的功能。大量的动物实验表明，对于声音频率的识别不一定必须在大脑皮层进行。因此，对于人类来说，音高的辨别似乎也可以在听觉中枢的低级水平上进行，而大脑皮层的功能很可能是存储和分析那些比音高更为复杂的刺激因素，如言语、音乐旋律的时间序列等。

听觉障碍测试 〉

听觉是人类最重要的感觉之一,它不仅为人们交流知识、沟通感情所必需,而且使人们感知环境,产生安全感,毫无疑问,听觉对您的健康而言是极为重要的。世界上有十分之一的人口受听觉障碍之苦,其人数之多以至于每个人直接或间接地受到了影响。那么,听觉障碍者一般有哪些特点呢? 做一个小测验,以下问题也许能帮助您简单地了解听觉状况:

1.您常听到别人说话,但听不清楚说什么。

2.您常要求他人重复他们的话。

3.您常感到小孩或女性的说话特别难以听清楚。

4.您常听不到别人从背后叫您。

5.您走在马路上难以判断背后的车来自左边还是右边。

6.家人常说您将电视机或收音机的音量调得太大。

7.您常忽略电话铃声或门铃声。

如果对以上问题多数有肯定的回答,您可能有听觉障碍,需要尽快进行详细的听力检查,以便及时进行必要的处理。听觉障碍对于不同年龄的人有不同的影响,7岁以下的儿童如果存在听觉障碍,将会影响语言的学习而成为哑巴,因而早期明确诊断,适时进行正确的处理就显得十分重要。听觉障碍的原因很多,大体上可分为传导性、感音神经性及混合性三大类。由外耳或中耳病变所导致的传导性听觉障碍,大多数通过药物或手术的方法能取得较好的疗效。由内耳或听神经病变所导致的感音神经性听觉障碍,迄今尚无特效疗法,若能早期诊断,及时采取恰当的综合治疗措施,尚有希望恢复正常听力,一旦错过治疗时机,治疗则极为困难。近年来助听器技术日新月异,给难治性听觉障碍者带来了福音,在听力学专业人士指导下正确选配合适的助听器,可以使大部分难治性听觉障碍者摆脱困境,恢复正常的语言交往,重返正常人的社交生活。

耳聋 〉

听觉系统中传音、感音及其听觉传导通路中的听神经和各级中枢发生病变，引起听功能障碍，产生不同程度的听力减退，统称为耳聋。根据听力减退的程度不同，又称之为重听、听力障碍、听力减退、听力下降等。

耳聋是世界范围内的多发病。在我国，听力残疾占五大残疾之首，成为严重危害我国人口健康及生活质量的疾病。2000年一项全国调查资料显示，我国现有听力残疾人口约2780万，7岁以下的听障儿童约70—80万，每年新生听力残疾儿童2—3万。国家非常重视耳聋的预防和康复，在全国范围内开展了新生儿听力筛查工作，并将每年的3月3日定为全国"爱耳日"。

耳聋的病因复杂，有先天性和后天性因素，其中化脓性中耳炎是传导性耳聋中最主要的致聋疾病。近年来，分泌性中耳炎成为儿童听力减退的主要原因。感音神经性耳聋中，噪声性聋、老年性聋、突发性聋、药物性聋、先天性聋等是常见疾病。

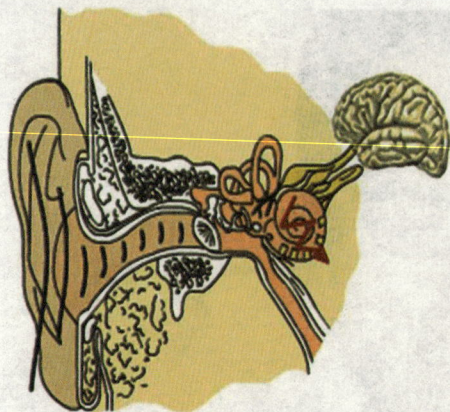

• 耳聋的分级

一般认为平均语言频率（0.5、1、2kHz）听阈在 26dB 以上时称之为听力减退或听力障碍。

按 WHO（1980 年）耳聋分级标准，按照平均语言频率纯音听阈，将耳聋分为5级：

轻度聋：近距离听话无困难，听阈在26—40dB。

中度聋：近距离听话感到困难，听阈41—55dB。

中重度聋：近距离听大声语言困难，听阈56—70dB。

重度聋：在耳边大声呼喊方能听到，听阈71—91dB。

全聋：听不到耳边大声呼喊的声音，纯音测听听阈超过91dB。

• 耳聋的分类及其病因

传导性聋：外耳、中耳传音结构发生病变，声波传入内耳发生障碍。

1.先天性：常见的有先天性畸形，包括外耳、中耳的畸形，例如先天性外耳道闭锁或鼓膜、听骨、蜗窗、前庭窗发育不全等。

2.后天性：外耳道发生阻塞，如耵聍栓塞、骨疣、异物、肿瘤、炎症等。中耳化脓或非化脓性炎症使中耳传音机构障碍，或耳部外伤使听骨链受损，中耳良性、恶性肿瘤或耳硬化症等。

感音神经性聋：指耳蜗螺旋器病变不能将音波变为神经兴奋或神经及其中枢途径发生障碍不能将神经兴奋传入；或大脑皮质中枢病变不能分辨语言，统称感音神经性聋。病变发生在耳蜗部位者，称为感音性聋，或蜗性聋。病变发生在耳蜗之后的部位，成为神经性聋或蜗后聋。

先天性感音神经性聋：常由于内耳听神经发育不全所致，或妊娠期受病毒感染或服用耳毒性药物引起，或分娩时受伤等。

先天性内耳畸形导致的耳聋为感音神经性耳聋。Jackler 在 1987 年根据内耳 X线体层摄影和胚胎发生学将内耳畸形分为5 类。1. 迷路缺失：即 Michel 畸形，无

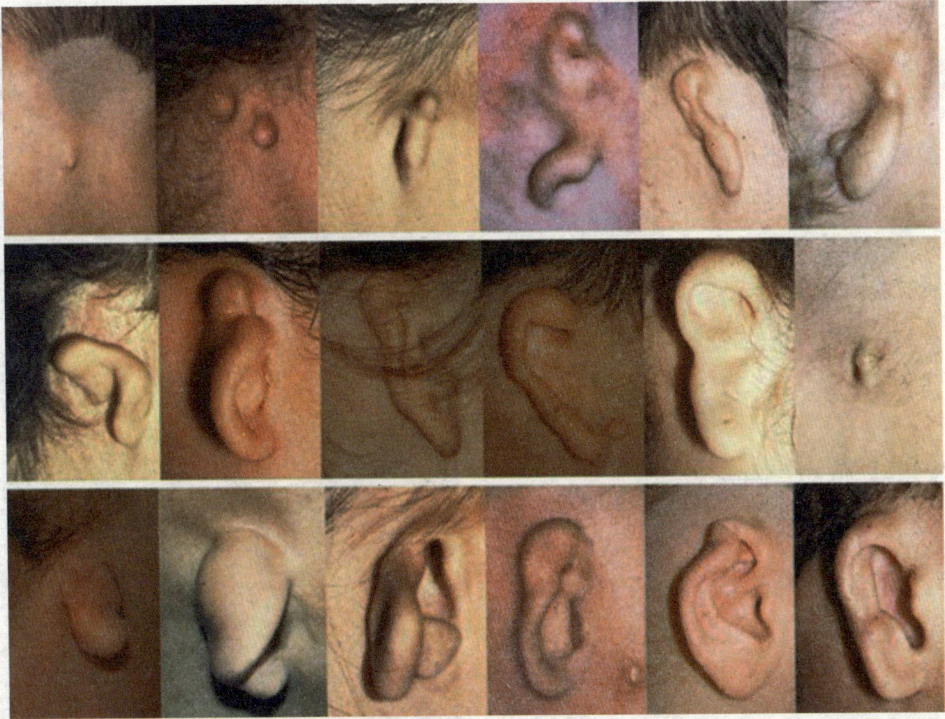

耳蜗及前庭；2.共同腔畸形：耳蜗与前庭融合为单腔，无内部结构分化；3.耳蜗未发育：耳蜗缺失，前庭常伴畸形，也可正常；4.耳蜗发育不全：耳蜗短小；5.不完全分隔型：鼓阶间隔发育不全。此外大前庭导水管综合征也是常见的导致感音神经性耳聋的先天性内耳畸形。

感音神经性耳聋中的先天性耳聋还可以包括非遗传性和遗传性。妊娠期受病毒感染、服用耳毒性药物引起或分娩时受伤导致的耳聋为非遗传性耳聋。非遗传性包括孕期应用耳毒性药物、孕期病毒感染、梅毒、细菌感染，新生儿缺氧、产伤、新生儿高胆红素血症；此外非遗传性还包括

噪声接触、分娩时头部外伤、放射线照射等。遗传性耳聋为遗传基因发生改变而引起的，非遗传性和遗传性耳聋二者的发病率各占50%，70%的遗传性耳聋患者除耳聋外不伴有其他症状，这类耳聋为非综合征性耳聋。遗传性耳聋包括常染色体阴性、常染色体显性、X–连锁、Y–连锁、线粒体（母系）遗传等。

目前，已知有很多基因都与非综合征性耳聋有关，其中的一个或几个基因存在突变，或一个基因中的不同位点存在突变，都会引起耳聋。但在不同种族，甚至同一种族不同地区的人群中，耳聋基因及其突变位点不尽相同。我国的相关研究显示

GJB2、SLC26A4、线粒体基因 (A1555G 和 C1494T 突变) 是导致中国大部分遗传性耳聋发生的 3 个最为常见的基因，对这少数几个基因进行遗传学检测可以明确耳聋人群中 40% 的遗传学病因，结合家族史分析和查体可以诊断 95% 以上的遗传性耳聋。耳聋基因的筛查和检测为先天性感音神经性耳聋的预防，减少其发病率提供了可能性。

• 后天性感音神经性聋

1. 传染病源性聋：各种急性传染病、细菌性或病毒性感染，如流行性乙型脑炎、流行性腮腺炎、化脓性脑膜炎、麻疹、猩红热、流行性感冒、耳带状疱疹、伤寒等

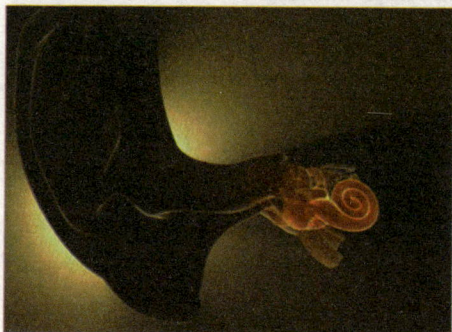

均可损伤内耳而引起轻重不同的感音神经性聋。

2. 药物中毒性聋：多见于氨基糖甙类抗生素，如庆大霉素、卡那霉素、多粘菌素、双氢链霉素、新霉素等，其他药物如奎宁、水杨酸、顺氯氨铂等都可导致感音神经性聋，耳药物中毒与机体的易感性有

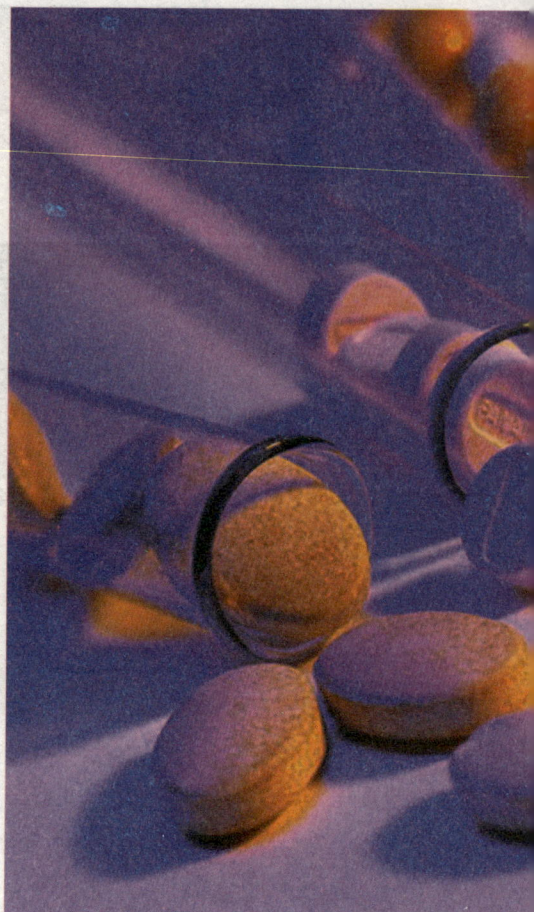

密切关系。药物中毒性聋为双侧性，多伴有耳鸣，前庭功能也可损害。中耳长期滴用此类药物亦可通过蜗窗膜渗入内耳，应予注意。

3. 老年性聋：多因血管硬化、骨质增生，使供血不足，发生退行性病变，导致听力减退。

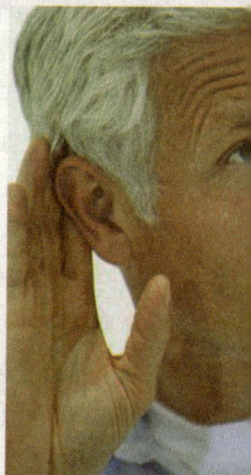

48

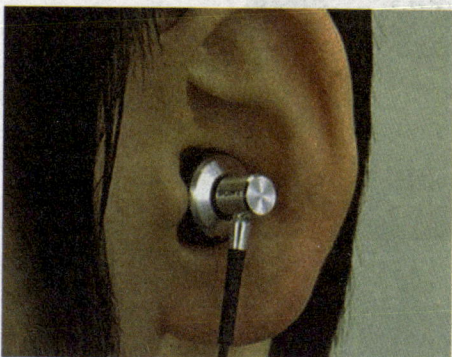

5. 突发性聋：是一种突然发生而原因不明的感音神经性聋。目前多认为急性内耳微循环障碍和病毒感染是引起本病的常见原因。

6. 爆震性聋：系由于突然发生的强大压力波和强脉冲噪声引起的听器急性损伤。鼓膜和耳蜗是听器最易受损伤的部位。当人员暴露于90dB（A）以上噪声，即可发生耳蜗损伤，若强度超过120dB以上，则可引起永久性聋。

7. 噪声性聋：是由于长期遭受85dB(A)以上噪声刺激所引起的一种缓慢进行的感音神经性聋。主要表现为耳鸣、耳聋。

8. 听神经病：听神经病是一种临床表现较为特殊的疾病，主要的听力学特征包

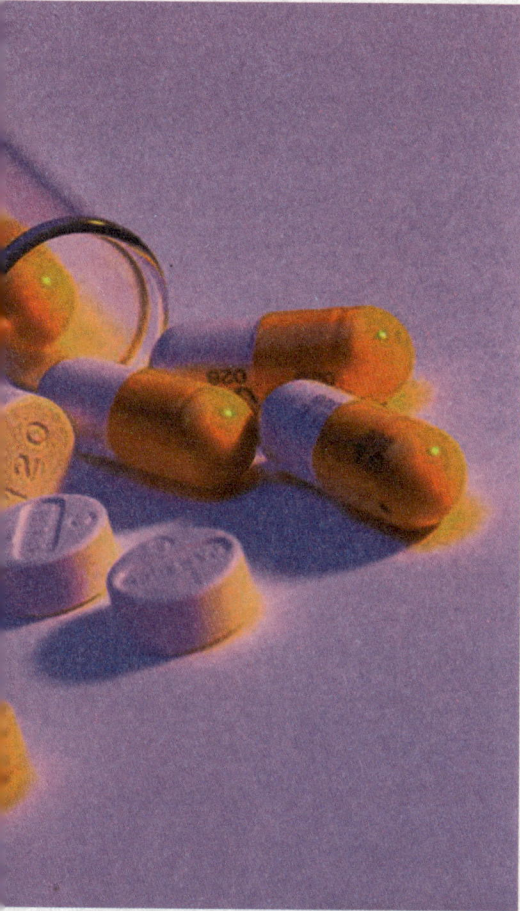

4. 外伤性聋：颅脑外伤及颞骨骨折损伤内耳结构，导致内耳出血，或因强烈震荡引起内耳损伤，均可导致感音神经性聋，有时伴耳鸣、眩晕。轻者可以恢复。耳部手术误伤内耳结构也可导致耳聋。

括听性脑干反应缺失或严重异常，耳声发射正常，镫骨肌反射消失或阈值升高，纯音听力图多以低频听阈损失为主。患者的主要是言语分辨率差而无法与人正常交流。听神经病与一般的感音神经性聋的显著差异，正引起越来越多的关注。但是对于此病的病因、发病机制及疾病的转归仍不明确。国内外许多学者根据其主要病损

49

部位提出了不同命名，如"中枢性低频听力减退"、"听觉同步不良"、"Ⅰ型传入神经元病"等，而Starr等则将主诉听力下降、言语识别率差、纯音测听以低频为主的、轻到中度的感音神经性聋、言语识别能力与纯音听力不成比例地严重下降、听性脑干反应（ABR）缺失或阈值明显高于纯音听阈、耳声发射（OAE）正常、影像学检查无异常的一组征候群命名为听神经病，目前多为临床医师所采用。

9. 自身免疫性感音神经性聋：自身免疫性感音神经性聋是由于自身免疫障碍致使内耳组织受损而引起的感音神经性的听力损失，这种听力损失可以是进行性和波动性，可累及单耳或双耳，如为双耳其听力损失大多不对称。临床上自身免疫性感音神经性聋病人听力图可有多种，如低频型、高频型、平坦型及钟型等，但是以低频型为最多。可能与内耳的这种免疫反应

性损伤最先于蜗尖、耳蜗中部开始有关系，表现典型蜗性聋特征，这也是临床听力学特点之一。

10. 梅尼埃病：梅尼埃病是一种原因不明的以膜迷路积水为主要病理特征的内耳病。其病程多变，发作性眩晕、波动性耳聋和耳鸣为其主要症状。文献报道梅尼埃病发病率差异较大，约为7.5/10万—157/10万。多发于青壮年，发病高峰为40—60岁。男女发病率约1—1.3∶1。一般单耳发病，随着病程延长可出现双耳受累。1861年法国学者Ménière通过尸体解剖首先发现迷路疾病可导致眩晕、耳鸣和听力减退，但Ménière报道的病例实际上是死于白血病内耳出血，而非现在所称的膜迷路积水。梅尼埃病的病因不明，可能与先天性内耳异常、植物神经功能紊乱、病毒感染、变应性、内分泌紊乱、盐和水代谢失调等有关。目前普遍认为内淋巴回流受阻或吸收障碍是主要的致病原因，如内淋巴管狭窄或堵塞；植物神经功能紊乱可致内耳小血管痉挛，导致迷路微循环障碍，组织缺氧，内淋巴生化特性改变，渗透压增加而引起膜迷路积水。本病的

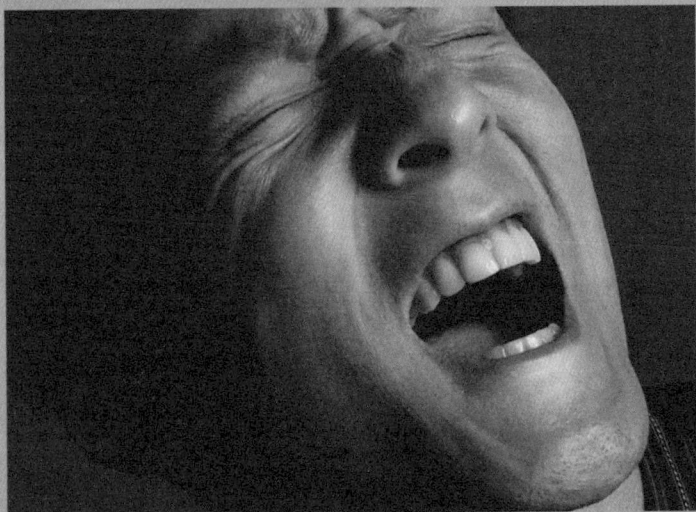

病理变化为膜迷路积水，主要累及蜗管及球囊。压迫刺激耳蜗产生耳鸣、耳聋等耳蜗症状，压迫刺激前庭终末器而产生眩晕等前庭症状。

典型症状是发作性眩晕、波动性耳聋、耳鸣及耳闷胀感。

眩晕：特点是突然发作，剧烈眩晕，呈旋转性，即感到自身或周围物体旋转，头稍动即觉眩晕加重。同时伴有恶心、呕吐、面色苍白等植物神经功能紊乱症状。数小时或数天后眩晕减轻而渐消失。间歇期可数周、数月或数年，一般在间歇期内症状完全消失。

耳鸣：绝大多数病例在眩晕前已有耳鸣，但往往未被注意。耳鸣多为低频音，轻重不一。一般在眩晕发作时耳鸣加剧。

耳聋：早期常不自觉，一般在发作期可感听力减退，多为一侧性。病人虽有耳

聋但对高频音又觉刺耳，甚至听到巨大声音即感十分刺耳，此现象称重振。在间歇期内听力常恢复，但当再次发作听力又下降，即出现一种特有的听力波动现象。晚

期，听力呈感音神经性聋。

其他：眩晕发作时或有患侧耳胀满感或头部沉重、有压迫感。

混合性聋：传音和感音结构同时发生病变引起的听觉障碍。如长期慢性化脓性中耳炎、耳硬化症晚期等。

传音和感音结构同时有病变存在。如长期慢性化脓性中耳炎、耳硬化症晚期等。

中枢性聋：中枢性耳聋的病变位于脑干与大脑，累及蜗神经核及其中枢传导通路、听觉皮质中枢时导致中枢性耳聋。

主要可以分为以下两种：1. 脑干性中枢性耳聋：累及耳蜗神经核产生一侧性的耳聋，程度轻；如果累及一侧耳蜗神经核与对侧的交叉纤维则产生双侧性耳聋，以部分性感音性耳聋多见，常见于脑桥、延髓病变。2. 皮质性耳聋：皮质性耳聋对于声音的辨距、性质难以辨别，有时虽然一般听觉不受损害，但对于语言的审美能力降低。由于一侧耳蜗神经核纤维投射到双侧的听觉皮质，一侧听觉皮质受损或传导通路的一侧受损产生一侧或双侧听力减退。

日常护耳方法 〉

生活中，很多耳病是可以预防的，下面就介绍一些与日常生活相关的耳朵保健措施，以预防耳病的发生。

1.戒除掏耳朵的习惯。掏耳会引起耳道和鼓膜损伤，有时还会并发感染，使听力下降。

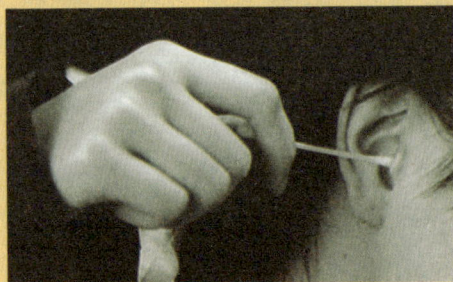

2.洗头、洗澡时防止水流入耳内。因为皮肤和鼓膜在水中浸泡，加上耵聍（即常说的耳蚕、耳屎）的刺激容易引起外耳炎。若原来有鼓膜穿孔者，水入耳内可引起中耳炎复发。

3.夏季游泳前需作体格检查。有外耳道炎、中耳炎、外耳道耵聍栓塞、鼓膜穿孔等疾病者，必须在矫治之后才宜游泳。

4.耳廓外伤、冻疮时要严格防止感染。特别是绿脓杆菌感染，因为此细菌可引起耳廓软骨膜炎、软骨坏死，最终导致耳廓畸形。

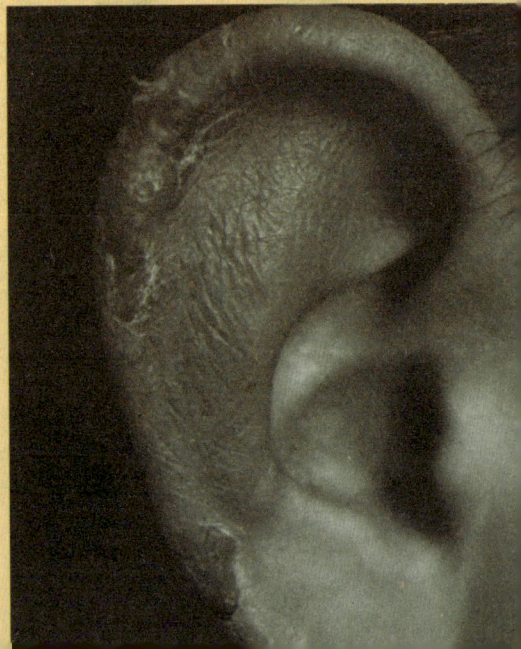

5.远离噪音和爆炸现场（包括放爆竹），因为较大的噪音可引起噪音性耳聋，而爆炸声会造成爆震性耳聋。

6.远离烟酒和耳毒性药物（如链霉素、庆大霉素、卡那霉素等），因为它们对听神经有毒害作用。

7.病毒感染（如麻疹、腮腺炎、耳带状疱疹等）常并发感音神经性耳聋，需及时采取防范措施。

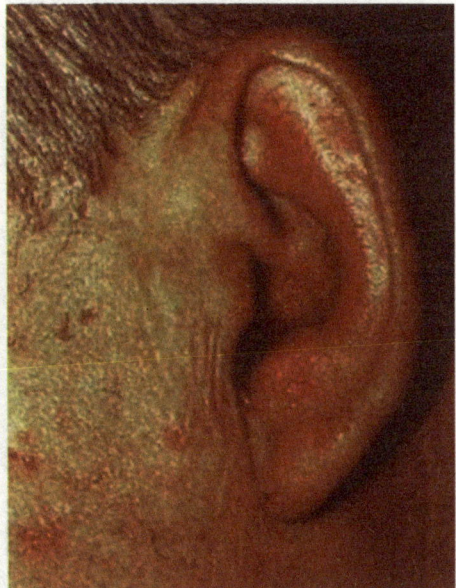

8.避免打击头部,更不可掌击耳部。前者可并发听力损害,后者可引起鼓膜破裂,生活中,因外力打击而造成耳朵功能受损的情况屡见不鲜。

9.擤鼻涕时要掌握正确的擤鼻方法:应左右鼻腔一个一个地擤,切勿将左右鼻孔同时捏闭擤鼻,因为鼻腔后部与中耳腔有一管腔(咽鼓管)相通,擤鼻不当可将鼻腔分泌物驱入中耳腔,引起中耳炎。

10.有感冒、上呼吸道感染、咽鼓管功能障碍者,不宜乘飞机旅行,否则可能引起航空性中耳炎,出现耳痛、鼓膜充血、中耳积液,甚至听力下降。

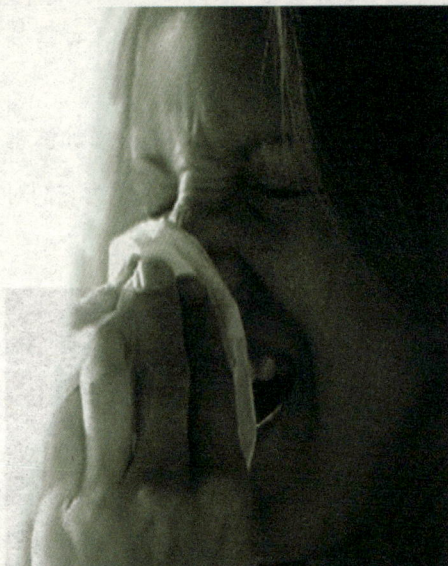

11.全身系统性疾病引起耳聋者,临床上首推高血压与动脉硬化,肾病、糖尿病、甲状腺功能低下等也可引起,故对有

这些病的患者应监护其听力。　　　　发现有听力障碍时应及早干预治疗。

　　12.老年性耳聋是人类机体老化过程在听觉器官的表现，出现的年龄与发展速度因人而异，其与遗传及整个生命过程中所经历的各种有害因素（包括疾病）有关。所以，老年人应定期检测听力。

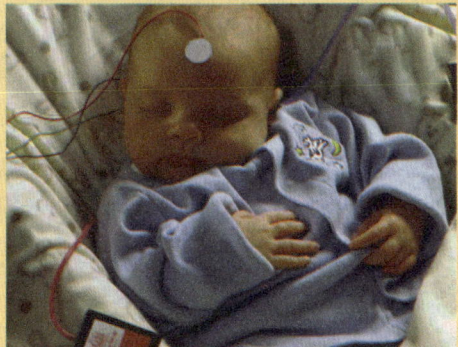

　　13.对新生儿应常规进行听力筛查，

55

十大不良习惯对耳朵的影响

1. 挖耳。俗话说："耳不挖不聋"，确实有一定的道理。因其可能造成耳道壁的损伤，严重的会伤及中耳和内耳，致使耳聋。

2. 异物塞入耳道。家长应教育儿童勿将诸如豆类、珠子和果核等塞入耳道。遇到蚊虫之类的小虫飞入或爬入耳朵里，不要用器械直接取出，而应用酒或油滴入耳内将小虫迅速淹毙或杀死后再取出。

3. 捏紧双鼻用力猛擤。不正确擤鼻有可能把鼻涕擤到中耳里去。正确的方法是用手指按住一侧鼻孔，分次运气，压力不宜过大，一侧擤完了，再擤另一侧。

4. 滥用药物。在用药之前要注意有无耳毒性。

5. 鼓膜发生外伤性穿孔后冲洗或用滴耳剂。正确的方法是外耳道口用消毒棉球堵塞，以防外来细菌侵入。

6. 跳水姿势不正确，导致气压变化，引起鼓膜穿孔。

7. 婴幼儿喝奶时，其头位过低，或在其哭闹时喂奶，分泌物和奶液容易经咽鼓管进入中耳导致感染。

8. 乘飞机、潜水或高压氧舱治疗中，不注意吞咽动作，会导致气压损伤性中耳炎的发生。

9. 常在噪声环境中，且不戴防声耳塞或耳罩，易患噪声性聋。听随身听（如 MP3 等）音量过大和持续时间过长，也会导致听力下降。

10. 饮食不合理，吸烟饮酒，过度焦虑劳累，心情不好，不参加体育锻炼，不积极防治心血管疾病，会加速老年性耳聋的发生。

● 声音的记录

留声机 〉

留声机，又叫点唱机，由美国发明家爱迪生于1877年11月21日发明，为爱迪生的众多伟大发明之一。它是一种放音装置，其声音储存在以声学方法在唱片（圆盘）平面上刻出的弧形刻槽内。唱片置于转台上，在唱针之下旋转。当针再一次沿着刻录的轨迹行进时，便可以重新发出留下的声音。留声机唱片能比较方便地大量复制，放音时间也比大多数筒形录音介质长。

声音的魔力

• 留声机的原理

托马斯·阿尔瓦·爱迪生根据电话传话器里的膜板随着说话声会引起震动的现象，拿短针作了试验，从中得到启发。说话的快慢高低能使短针产生相应的不同颤动。那么，反过来，这种颤动也一定能发出原先的说话声音。于是，他开始研究声音重发的问题。

1877 年 8 月 15 日，爱迪生让助手克瑞西按图样制出一台由大圆筒、曲柄、受话机和膜板组成的怪机器。托马斯·阿尔

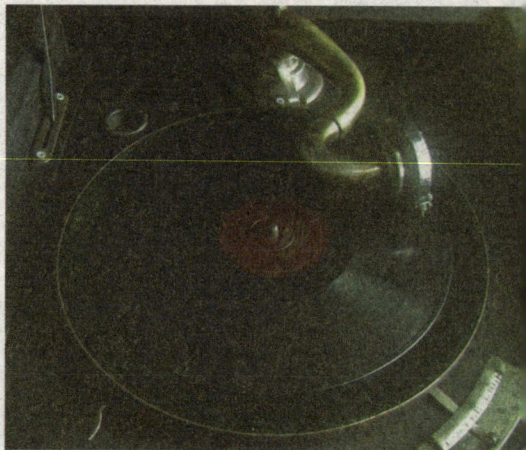

瓦·爱迪生指着这台怪机器对助手说："这是一台会说话的机器。"他取出一张锡箔，卷在刻有螺旋槽纹的金属圆筒上，让针的一头轻擦着锡箔转动，另一头和受话机连接。托马斯·阿尔瓦·爱迪生摇动曲柄，对着受话机唱起了："玛丽有只小羊羔，雪球儿似一身毛……"唱完后，把针又放回原处，轻悠悠地再摇动曲柄。接着，机器不紧不慢、一圈又一圈地转动着，唱起了："玛丽有只小羊羔……"这与刚才托马斯·阿

尔瓦·爱迪生唱的一模一样。在旁的助手们，碰到一架会说话的机器，惊讶得说不出话来。

"会说话的机器"诞生的消息，轰动了全世界。1877年12月，托马斯·阿尔瓦·爱迪生公开表演了留声机，外界舆论马上把他誉为"科学界之拿破仑·波拿巴"，认为留场机是19世纪最引人振奋的三大发明之一，巴黎世界博览会立即把它作为时新展品展出，就连当时美国总统也在留声机旁转了2个多小时。

10年后，托马斯·阿尔瓦·爱迪生又把留声机上的大圆筒和小曲柄改进成类似时钟发条的装置，由马达带动一个薄薄的蜡制大圆盘转动的式样，留声机才广为普及。

录音机 〉

录音机是把声音记录下来以便重放的机器，它以硬磁性材料为载体，利用磁性材料的剩磁特性将声音信号记录在载体上，一般都具有重放功能。家用录音机大多为盒式磁带录音机。

• 录音机的发明问世

丹麦有位年轻电机工程师 Valdemar

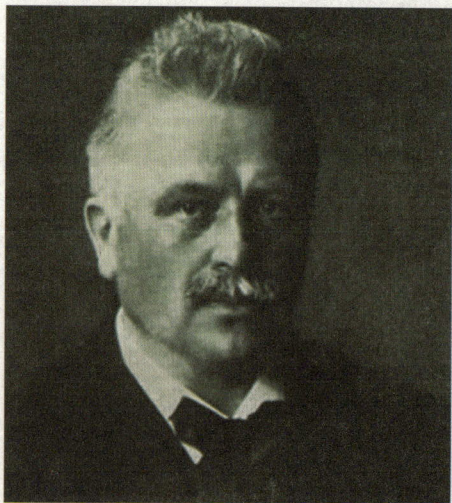

Poulsen，他利用磁性变化的原理，以钢琴线制造了一部"录话机"，1898 年获得专利，这就是 1930 年代钢线录音机的前身。1900 年巴黎的世界博览会中，Poulsen 展出了他的录话机，虽然早 10 年前就已经有著名歌唱家的录音圆筒出售，科学家仍对录话机大感兴趣，Franz Josef 皇帝还留下一段谈话，成为现存最早的磁性录音数据。

圆盘留声机发明人 Emile Berliner 同一年到美国设厂生产机器，Poulsen 也想跟进，但资金不足，最后工厂落入商人 Charles Rood 手中。有生意头脑的 Rood 以录话机录制美国总统的谈话，又协助纽约警方侦破黑社会谋杀案，使得录话机声名大噪。德国海军通过丹麦买了几部录话机用在船舰上，一次世界大战期间他们就用来记录摩尔斯密码，导致美国运兵船被德国击沉，战后 Rood 被以叛国罪起诉，但到他九十几岁去世前仍在缠讼中，这是录音机史上的一段"间谍外传"。

德国人尝到甜头后，开始对磁性录音展开研究，1927 年 Fritz Pfleumer 成功地以粉状磁性物质涂布在纸带或胶带上进行录音，希望能取代当时的钢线录音机。当时英国 BBC 广播公司使用由录话机改良的巨型 Blattnerphone 钢带录音机。这种录音机可切断钢带重新焊接来进行剪辑，但焊接点总会有轰然巨响，操作时又怕焊点断裂而钢片横飞，所以德国人发展的磁带安全又理想。1932 年著名的 BASF 成功开发出可大量生产的录音带，他们与德国最大的电机制造商 AEG 合作，在 1934 年的柏林无线电展览中推出"Magnetophon"磁音机，BASF 先行制造了 5 万米的录音带，在塑料材料还未普遍运用前，这是个很惊人的成就。

• 磁性录音

1936 年英国指挥家毕勤爵士率领伦敦爱乐团访问德国，应 BASF 邀请，11 月 19 日在该公司 Ludwigshafen 的大礼堂中进行了一场演奏，曲目包括莫扎特《第 39 号交响曲》等，这是音乐史上第一次大型的磁性录音；在大西洋彼岸，指挥家史托考夫斯基 1931 年的立体声实验录音，以及同年 RCA 示范的 33 又 1/3 转长时间录音，都还是直接将声音刻在蜡盘上。美国人也进行磁性录音研究，像是 Marvin Camras 把交流偏压技术引进钢丝录音机，使其频宽与杂音都达到可收录音乐的水平。另一家 Brush 公司也发展出录音带，他们委请 3M 制造一种有光滑表面，厚度为千分之三寸的薄胶带，柔软防潮，在上面可涂布磁性铁粉。这些规格后来持续用了 30 年，不过 Brush 所设计的录音机 Soundmirror 却没有形成气候。

二战期间，德国广播电台已经开始大量运用磁带录音机，播出重要军事将领的录音，美国人常搞不清楚为什么希特勒可以同时出现在好几个地方，直到二战后，终于诞生了第一台可供录音室用的美国磁带录音机。不过在推销时却遭遇了一些困难，Mullin 想到在天王巨星平克劳斯贝所主持的广播节目试用，1947 年夏天，Ampex 提供的录音机派上用场，平克劳斯贝对于剪接方便的磁带录音机非常满意，于是预定秋天起都改用磁带录音机。不过工程人员担心，便把磁带的内容又在唱片上刻了一次，再以唱片播出，如此持续了半年多，没想到这居然是后来音乐唱片制作的标准模式。

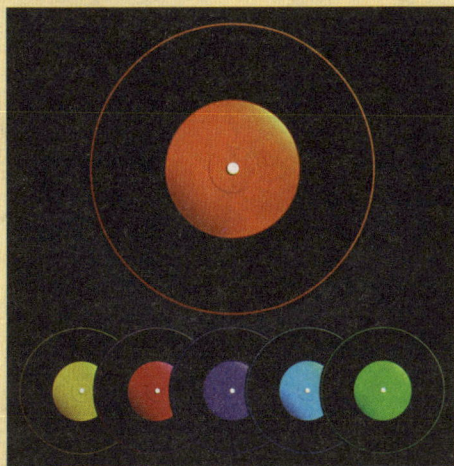

● 声音的讯号——语言

神秘的语言 ﹥

语言是指生物同类之间由于沟通需要而制定的具有统一编码解码标准的声音讯号。

语言就广义而言，是一套共同采用的沟通符号、表达方式与处理规则。符号会以视觉、声音或者触觉方式来传递。严格来说，语言是指人类沟通所使用的语言——自然语言。一般人都必须通过学习才能获得语言能力。语言的目的是交流观念、意见、思想等。语言学就是从人类研究语言分类与规则而发展出来的。研究语言的专家被称为语言学家。当人类发现了某些动物能够以某种方式沟通，就诞生了动物语言的概念。到了电脑的诞生，人类需要给予电脑指令。这种"单

64

向沟通"就成了电脑语言。

　　语言是人类最重要的交际工具，是人们进行沟通交流的各种表达符号。人们借助语言保存和传递人类文明的成果。语言是民族的重要特征之一。一般来说，每个民族都有自己的语言。汉语、英语、法语、俄语、西班牙语、阿拉伯语是世界上的主要语言，也是联合国的工作语言。汉语是世界上使用人口最多的语言，英语是世界上使用最广泛的语言。据德国出版的《语言学及语言交际工具问题手册》说，现在世界上查明的有5651种语言。在这些语言中，约有1400多种还没有被人们承认是独立的语言，或者是正在衰亡的语言。

　　语言是人们交流思想的媒介，它必然会对政治、经济和社会、科技，乃至文化本身产生影响。语言这种文化现象是不断发展的，其现今的空间分布也是过去扩散、变化和发展的结果。根据其语音、语法和词汇等方面特征的共同之处与起源关系，把世界上的语言分成语系。每个语系包括有数量不等的语种。这些语系与语种在地域上都有一定的分布区，很多文化特征都与此有密切的关系。

　　人们彼此的交往离不开语言。尽管通

过文字、图片、动作、表情等可以传递人们的思想，但是语言是其中最重要的，也是最方便的媒介。然而世界各地的人们所用的语言各不相同，彼此间直接交谈是困难的，甚至是不可能的。即使是同一种语言，还有不同的方言，其差别程度也不相同。有的方言可以基本上相互理解，有的差别极大，好像是另一种语言，北京人听不懂广东话就是一个很好的例子。

不仅在不同的地区，有不同的语言和方言，就是在同一地区，不同的社会阶层，不同年龄的人之间都会有特殊的词汇来表达其独特的感情，使另一阶层或不同年龄的人难以理解。如美国的黑人，他们虽然也使用英语，但是有自己的特点，甚至被称为黑人英语。

在一种语言环境中掌握某种语言后，虽然也可以学会另一种或几种其他语言或方言，可是原语言或方言的口音很难完全改变，总会留下一定程度的原来所操语言的口音。熟悉语言的人往往就能从这些细微的差别中区分出说话人的家乡所在地及其身份和职业特征。

语言是文化的一个重要组成部分，甚至可以说没有语言也就不可能有文化，只有通过语言才能把文化一代代地传下去。语言是保持生活方式的一个重要手段，几乎每个文化集团都有自己独特的语言。

语言是在自己特定的环境中，为了生活的需要而产生的，所以各种语言所在的环境必然会在语言上打上烙印。另外，语言是人们交流思想的媒介，因此，它必然会对政治、经济和社会、科技，乃至文化本身产生影响。语言这种文化现象是不断发展的，其现今的空间分布也是过去扩散、变化和发展的结果，所以只有摆在时空的环境里才能全面地、深入地了解其与自然环境及人文环境的关系。

语言的种类 〉

就大脑来说，语言分"脑语"和"嘴语"，"脑语"就是我们时时在大脑里产

生称作"思考"或"思想"或"思维"的东西，"脑语"用嘴表达出来就叫"嘴语"。脑语和嘴语并不是一个东西，第一、脑语和嘴语在表达时失真；第二、嘴语不是脑语的

唯一表达方式，因为脑语还可以通过肌肉群来表达：就是我们的行为。语言是一个人能力的重要表述部分。

语言分为第一语言和第二语言：一个人从小通过和同一语言集团其他成员（如父母、亲属、周围的人们）的接触，自然学到并熟练运用于交际和思维过程中的语言。本族语言或母语一般说都是个人的第一语言，也是主要语言。人出生后，首先掌握和使用的语言，叫第一语言。第二语言专指本国内非本族语。第二语言往往是和第一语言同时被使用的。

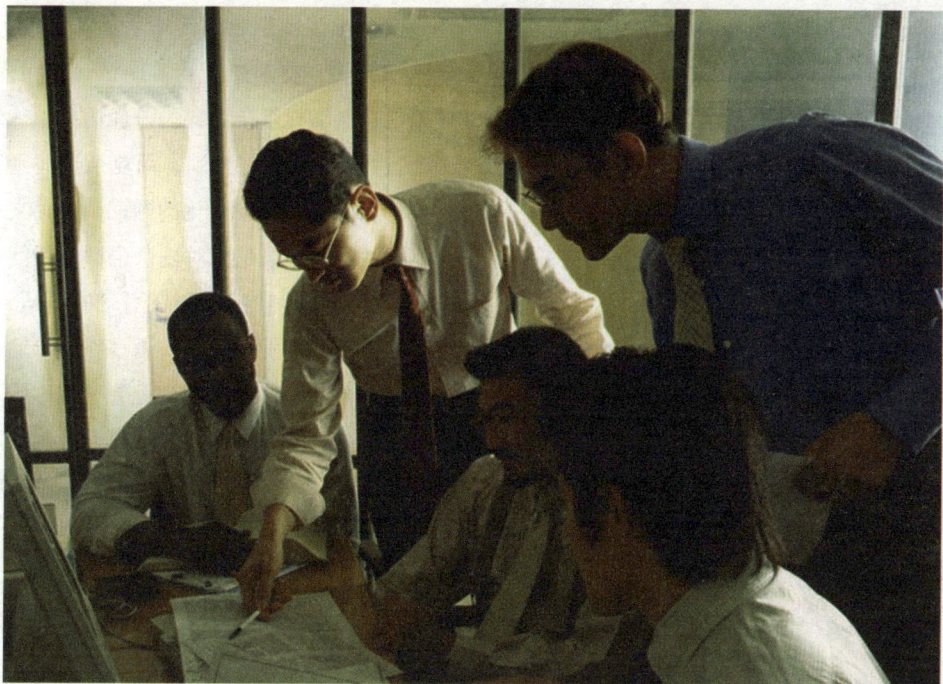

语言的功能 >

我们这里将从人与人和人与世界两种关系讨论语言的功能。

• 交流感情和传输信息的中介

人是说话的动物。有说有笑，是社会的要求。"你好！""再见！"等见面和分手

的常用语和关于天气、健康等最普遍也最持久的话题，是人类社会中信息量极微但作用重要的语言活动。说话是人的属性之一，是社会的黏着剂。默不作声的人多半是离群索居的人，话题不多的外国人不可能真正成为社团的成员。

同时不能设想，人与人在一起交谈的都是信息，如果是这样，人的生活将是从早到晚日复一日的讨论会，叫人无法忍受。孔子、苏格拉底等智人的对话录里很多关于生活情趣的家常话，虽然记录者主要注意的是他们关于哲学的和道德的见解。

人们可以在偶然的场合（例如与邻座旅客一起）从天气、车旅、饮食谈到家乡风土、个人爱好、时事传闻等共同感兴趣

的题目，而不必互通姓名。这是因为一起说话的人享有共同的生活方式和文化传统，因而有取之不竭的语言资源。一个外国人往往不善于适应这种场合，尽管他对这一语言已经学得不错。家常话是使一个

语言社团的成员具有从属感的基本手段。

人与人之间的信息传输具有更为实质性的意义。从大的方面讲，社会生活（政治、法律、经济、文化等）之所以可能，是由于有效的指挥，即用有效的语言进行指挥，也即是一种信息传输。民主、法治、教育均有赖于语言作为中介，经济和科学的发展有赖于信息的获得和处理。从这个意义讲，语言是进行社会控制的一种手段。

语言的信息传输功能不同于感情交流功能。两个孩子碰到一起有说不完的家常话，但很难说他们各自传输了多少信息。就语码来说，交流感情用普通语码即可，传输信息则需要复杂语码。普通语码为一个语言社团的成员所共有，而复杂语码则需要学习。在一个现代化的国家，人民文化水平的提高应该是指对复杂语码运用能力的提高。现代化技术和它固有的语码，属于复杂语码。另一方面，语言作为传输科学信息的中介，它本身必须是一个称职的中介。中介不称职（例如：缺乏准确的术语和表达手段），传输的信息会遭损失。

• 认知世界和描写世界的工具

传说中往往说到"混沌初开"。从语言学角度看，"混沌"是初民对世界的一种无所名状的称呼；尽管非常笼统，仍不失

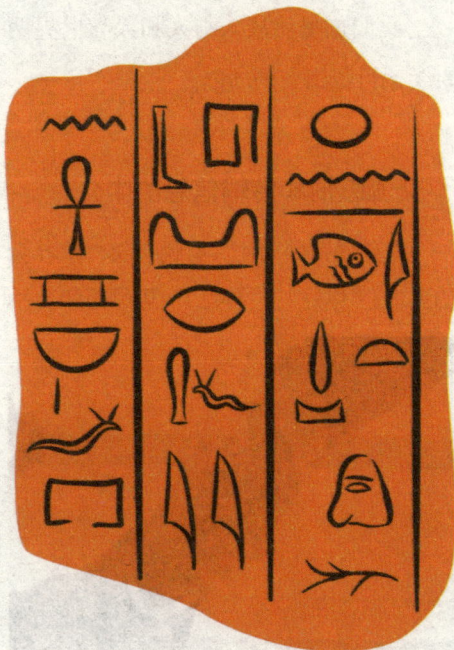

为认知世界的开始。"初开"是人类对存在进行分别认识和分别命名的第一步。命名即是用语言来区别存在中的各个实体，例如天、地、水、人、兽、鱼、鸟等。事实上，《圣经·创世纪》记述世界的产生，即是按这个系列进行的。婴儿认识世界即是从识别个别的人和物开始的。

语言里的许多实词可以看作人对事物的分类：例如方位（西边、东边），时间（昨天、现在），数量（一、二、尺、斤）等。虚词不是客观世界的反映，而是人对世界的认知的结果。

语言中有许多词表示前人对世界的概念，称为概念词。后人利用它们来认识自然和社会。人们通过"分子"、"原子"、"核子"等词去认识物理；通过"音位"、"语素"、"词"、"词组"等词去认识语言；通过"善"与"恶"、"公正"与"偏私"、"诚实"与"虚伪"去认识道德；通过"所有制"与"分配"去认识社会。在语言里积累着人类已获得的知识。遵照共同的参照框架，科学地讨论才有可能开展，后人才有可能接受前人的知识。

语言描写世界的功能，特别体现在语言用作艺术中介的时候。用"杨柳依依"表示春天，"雨雪霏霏"表示冬天；用"积之栗栗，其崇如墉"表示丰收；"无衣无褐，何以卒岁"表示穷困；用多次重复"采采荣苢"表示劳动时的群歌互答。这里有一定的信息，但主要是语言的感染力量。仅是说狂人"心头沉重"或是"对旧礼教挑战"，虽然也表现一定的感情，但非常单薄。"太阳也不出，门也不开。日日是两顿饭"、"从来如此，便对吗？"（均出《狂人日记》），创造了受禁闭的狂人和单身向传统奋击的形象。语言作为艺术中介时，它传输的信息量无关紧要，重要的是形象和感染。信息可以翻译而不受损失或损失不大，语言的艺术表现经过翻译，往往遭到损害甚至消失。苏东坡的"我持此石归，袖中有东海"如译成信息的语言，只能当作笑话，不会使人神驰。语言的创造性正是通过语言作为艺术的中介而得到最充分的体现。

上面我们说家常话和信息语言的区别是语码的区别，即简与繁、粗与精的区别；这里说的认知与描写世界时所用的语言，两者的区别不在简与繁和粗与精，因为两者都是复杂的和精微的；它们的区别是在语域。简单地讲，信息的语言用在表事，文学的语言用在表情，各有自己的语域。

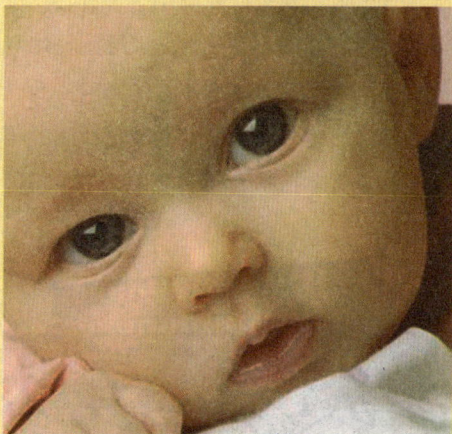

• 文化信息的载体和储存文化的容器

语言的两大功能——交流感情和传输信息，认知世界和描写世界——的总结果是人类经验的积聚，存在于语言的记忆库之中。语言之所以具有这一存储功能，是因为人使用语言不限于当时，而可以保存经验于事后。没有语言的记忆库（从早期的竹简到现代的信息库），人的经验只限于耳闻目见；有了信息库，人可以闻所未闻、见所未见。人类都有语言，因此建立人类记忆的总储存是可能的，社团之间互通信息是可以办到的，利用这个总储存是理所当然的。开放社会的开放，是出于认识到利用这个总储存，可以弥补自己的不足。封闭社会的封闭，无非是以为一切已经足够，无须利用这个总储存。

从文化的进程看，人类从呼叫到言语，从只有口语到既有口语又有书面语，从抄写到印刷到电子技术的信息传输，直到兼有图像和音响的传输，语言的可及面和速度大大提高了。信息时代的到来，向语言提出了新的要求。传输的远程化、迅捷化、多维化（除文字外，还有图像和音响；除线性序列外，还可以整版地"文传"）、机储化、检索迅捷化和普世化，已经开始对教育和科学研究产生根本性的影响，而这种影响必将越来越大。作为信息载体的语言也将享有愈益扩大的功能，这是可以预见的。

语言起源的学说 〉

语言的起源大致可以分为神授说和人创说，劳动创造说。

• 神授说

神授说认为：语言是神赐予人类的学说。

现象是如何产生的，因此只得归之于神的恩赐。

• 人创说

人创说认为：语言是人自己创造的，不是神赐予的。

代表观点：1. 摹声说：语言起源于人类对外界各种声音的摹仿。这种观点只能解释摹声词的产生，无法说明人类语言的起源问题。2. 社会契约说：语言起源于人们的彼此约定。这种观点注意到了语言的社会属性和语言符号的任意性，但无法解释没有语言的情况下人们是如何彼此约定的。3. 手势说：在人类使用有声语言之前曾经历过手势语言的阶段，这种观点无法

代表观点：1. 印度婆罗门教《吠陀》中：语言是神赐予人类的一种特殊能力。2. 中国苗族传说：山神创造了人，并传授了语言。

实质：在当时科学文化水平极其低下的条件下，人们无法解释语言这种奇妙的

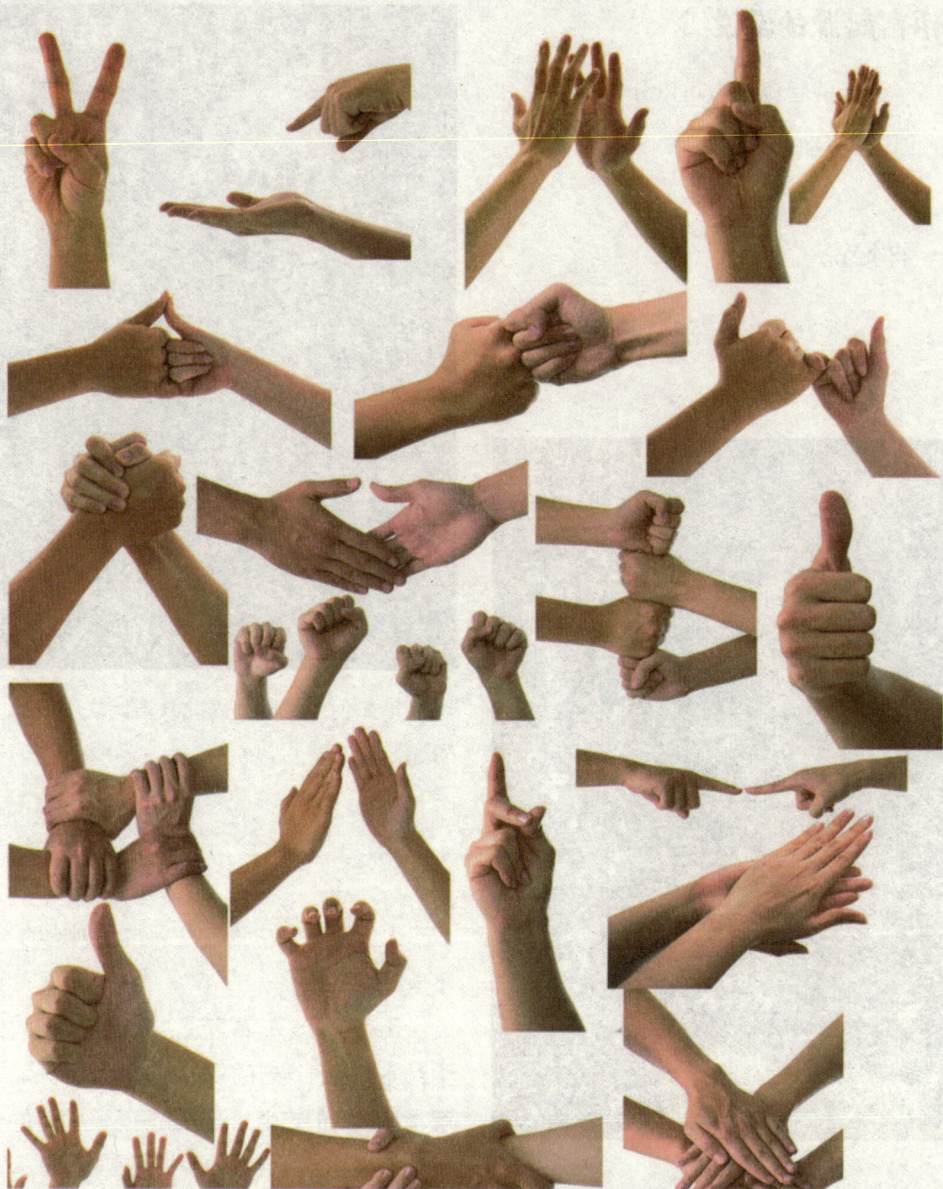

解释手势语言是如何发展为有声语言的。
4. 感叹说：人类的有声语言是从抒发感情的各种叫喊声演变来的。这种观点无法解释叹词是如何发展成具有理性意义的其他词语的。5. 劳动叫喊说：人类的有声语言从人的劳动叫喊声发展而来。这种观点注意到语言起源和劳动的关系，但无法解释劳动号子是如何发展为语言的。

实质：都是主观思辨的产生，缺乏科学的依据。

• 劳动创造说

语言的起源必须具备 3 个条件：1. 人类的思维能力要发展到一定的水平。应该能够对客观世界的事物进行分类和概括，并具有一定的记忆和想象、判断和推理的能力，只有具备了这种心理条件，才有可能产生语言。2. 人类要具备一定的生理条件。人类的喉头和口腔声道必须进化到能够发出清晰的声音，才有可能产生有声语言。3. 人类社会有了产生语言的必要。人类社会的发展必须到"彼此间有些什么非说不可的地步了"，具备了这样的社会条件，才有必要产生语言。语言起源的这 3 个必要条件缺一不可，而创造这 3 个条件的是人类的劳动。恩格斯说："语言是从劳动中并和劳动一起产生的……"劳动提出了产生语言的社会需要；为语言的产生提供了心理和生理上的条件。劳动也改善了原始人的发音器官，为语言的产生提供了必要的生理条件。应该说恩格斯对语言起源问题的论述已经相当全面了。

> 为什么有些人耳朵会动呢？

　　人和动物一样，耳后有一块动耳肌，在神经支配下可以活动。只不过有的人动耳肌退化了，耳朵就不会动了；而有的人动耳肌没有退化，所以耳朵会动。动耳肌没有退化的人实属少数。

　　耳朵会动是天生的，不是后期成长的，有遗传因素的作用。生物学上证明耳朵会动是大脑皮层发达的表现，使脑神经更有力，往往有更强的意志力与洞察能力。

音乐中的声音——和声

和声 >

和声指两个以上不同的音按一定的法则同时发声而构成的音响组合。它包含：1.和弦，是和声的基本素材，由3个或3个以和声上不同的音，根据三度叠置或其他方法同时结合构成，这是和声的纵向结构。2.和声进行，指各和弦的先后连接，这是和声的横向运动。补充一句。和声有明显的浓、淡、厚、薄的色彩作用；还有构成分句、分乐段和终止乐曲的作用。

从17世纪起，由于主调音乐的逐步发展，和声的作用愈趋重要。它在音乐中所起的作用大致有3个方面：1.声部的组合作用。在统一的和声基础上，各声部相互组合成为协调的整体。2.乐曲的结构作用。通过和声进行、收束式、调性布局等在构成曲式方面起重要作用。3.内容的表现作用。通过和声的色彩、织体以及配合其他因素，塑造音乐形象、表现音乐内容。

和声的处理是音乐创作的重要写作技巧，也是对位、配器、曲式等其他作曲技法的基础。有时，曲调也由和声衍生。在调性音乐中，和声同时具有功能性与色彩性的意义。和声的功能是指各和弦在调性内所具有的稳定或不稳定的作用、它们的运动与倾向特性、彼此之间的逻辑联系等。和声的功能与调性密切相关，离开了调性或取消了调性，和声也就失去了它的功能意义。和声的色彩，是指各种和弦结构、和声位置、织体写法与和声进行等所具有的音响效果。和声的色彩是和声表现作用的主要因素，无论在调性音乐或非调性音乐中，它都具有重要意义。

和声是多声部音乐的音高组织形态，是音乐的基本表现手段之一。就作曲理论的一般观念而论，和声是与对位（即通常所说的"复调"）相对应的技术范畴。在19世纪以前一百多年的音乐实践中，和声一直被看成是对位的基础。

和声的发展史 〉

西洋音乐中和声的形成与发展，至今已有千余年历史，需要分6个阶段概括。

• 早期形成时期

10—16世纪，欧洲复调音乐从早期的奥加农发展至复调写作的完善阶段，当

复调音乐的各声部相互间以协和音程为主作对位结合时，即形成和声音程、和弦与和声进行。当时以各类七声中古调式为基础，故后人称15、16世纪复调音乐中的和声为中古调式和声或教会调式和声。其特点为：1.建立在6种不同结音（即主音）的调式基础上（第7种洛克里亚调式极少应用）。各调式音阶的音程关系不同，每一种调式都有其特征音程，相互区别。2.以协和音程为基础，和弦结构只有大、小三和弦原位、第一转位与减三和弦第一转位。其他不协和音程均须按规定的方法解决。3.各级三和弦都可相互连接。在和弦的连接中，根音之间的各种音程关系（除增四度外）

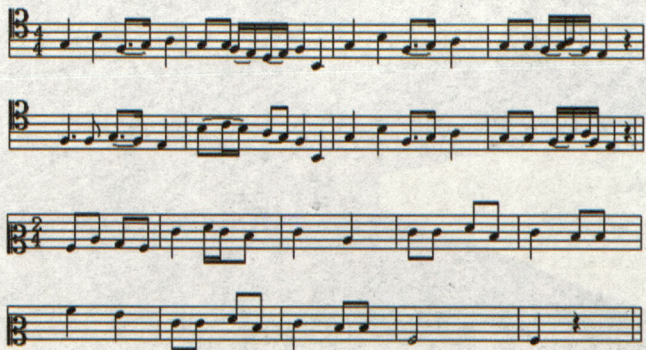

均常用。在音乐进行过程中，并不要求以主和弦为中心，但在乐曲结束处应以主和弦收束。约从 14 世纪开始应用变音，亦称"伪音"，规定六度反向级进到八度时须为大六度，三度反向级进到同度时须为小三度，因此需应用变音，形成类似导音进入主音的声部进行。另外，为了避免减五度与增四度，亦需用变音。这为各类调式逐渐演变集中为大、小调体系创造了条件。

由于在各个乐句结束处不同的停顿音上构成类似Ⅳ—Ⅰ、Ⅴ—Ⅰ 或Ⅳ—Ⅴ—Ⅰ 的和声进行，形成了以后转调的萌芽。

• 早期巴洛克时代

17 世纪，早期巴洛克时代随着单旋律乐曲的形成和歌剧的产生，采取为单声部歌唱加和弦式伴奏的方法。开始应用数字低音以指示伴奏部分的和声，由键盘乐器演奏者即兴弹奏，以纵的音程结合为基础，使和声的作用加强，并形成以平均节奏持续流动的低音线条。器乐中和弦式织体的发展，对逐步形成主调音乐有重要意义。由于戏剧性内容表现的需要，开始重视发挥和声——特别是不协和弦的表现作用（如 C. 蒙泰韦尔迪、J. 佩里等在歌剧中用七和弦来表现哀叹和不幸等内容）。属七和弦的应用，成为确立大小调调性的重要条件。至 17 世纪后期，虽然还存在着中古调式的影响，但大、小调体系已得到确立。大、小调成为旋律与和声的调式思维的基础；它们之间的调式色彩对比成为音乐中的重要表现因素。

• 后期巴洛克时代

　　18 世纪上半叶，后期巴洛克时代在这一时期中，器乐写作得到更大的发展，建立在大、小调和声体系基础上的自由复调音乐是主要的织体形式。继续应用数字低音作为键盘乐器和声部分的写谱方法。和声作为构成曲式的要素，对于这一时期的乐曲结构，包括赋格曲、古二部曲式、早期奏鸣曲式等，均有重要作用，形成了调性布局的规律：大调乐曲先转至属大调，以后再转向其他近关系调；小调乐曲先转至属小调或平行大调，以后再转向其他近关系调。在转调布局中注意到调性的功能与色彩的对比。小调乐曲结束的主和弦常用大三和弦，称辟卡迪三度，这种方法自 16 世纪后半叶得到普遍应用起，一直延续到 18 世纪中叶。同主音大小调的变化是这一时期使用的一种音乐对比方法。平均律键盘乐器的应用，使乐曲所用的调和转调的范围得到扩大，J.S. 巴赫的《平均律钢琴曲集》是这类乐曲的典范作品，对后世音乐艺术的发展有极其重要的作用。这一时期的和声材料除各级自然和弦外，变音和弦如副属和弦、减七和弦与那不勒斯六和弦等应用较多。器乐中各种和声织体，如和弦式、分解音型式等的应用，使主调音乐风格获得进一步发展，逐步向 18 世纪后半叶的主调音乐体制过渡。在这一时期内，不少作家重视以不同的和声材料来表现不同的音乐内容，发挥和声的表现作用。如在巴赫作品中，以单纯的和声表现欢快、赞颂、希望、和平等内容。以半音化和声与不协和弦表现幻想性、戏剧性与苦难、忧伤、哀悼等内容。巴赫在

《马太受难曲》中用低音的半音上行、变音和弦与不协和弦等手法，描绘了"大地震动，岩石崩裂，死者从墓中升起……"的情景。这一时期的和声虽以大、小调体系为基础，但中古调式在一部分以众赞歌为基础的声乐、器乐曲中仍有应用。

• 古典乐派时期

18世纪后半叶，古典乐派时期主调音乐成为主要的体制。当时所追求的思想内容与结构形式上的单纯明晰的特点，也表现在和声手法的简朴方面。大、小调体系成为和声的基础，中古调式消失其影响。和声的调性意义更为明确集中，强调主、下属与属七3个主要和弦。数字低音在创作中已不再应用，低音也摆脱了流动性线条的束缚。由于结构的方整性，并且没有复调音乐中那种错综复杂的声部与节奏，使和声的节奏规律化与节拍化，以对称、平衡的和声进行为主体。离调、移调模进、减七和弦、增六和弦、同主音大、小调对置等均普遍应用。开始应用和声大调式，应用降VI级大三和弦的阻碍收束，随着半音化和弦外音的应用，装饰性的半音进行也得到发展，成为一种富于色彩的手法。

在主调音乐的曲式中，特别在大型曲式，如奏鸣曲式中，和声的结构作用得到充分发挥，成为主调音乐结构的要素之一。

• 浪漫主义时期

19世纪初，和声手法基本上与18世纪后期相同。此后，由于题材和内容范围的扩大，音乐作品中情感的表达、心理的刻画、风景的描绘和情节的表现等需要，促使作曲家不断发展新的和声语汇，丰富

和声的表现力。这主要表现在两方面：一方面是发展变音体系和声以及其他复杂的和声手法，如大量应用半音化的声部进行、远关系离调与转调、游移与模糊的调性、连续的属功能组和弦、各类远关系的变音和弦、高度叠置和弦（九和弦、十一和弦、十三和弦等）、主和弦的隐蔽、收束的避免、同主音大、小调的混合以及强拍上的半音和弦外音等，从而将大、小调体系和声推向极限，趋于解体的边缘。和声的功能性逐渐削弱和模糊，色彩性得到突出和强调。R.瓦格纳后期乐剧中的和声可

为这方面的代表。另一方面由于民族乐派的兴起与古代宗教题材的采用，恢复并扩充了自然音体系和声。例如由于民间音乐的影响，扩大了作品中调式的范围，除自然大、小调式外，还有其他中古调式和特殊调式，如 F.F.肖邦作品中的弗里吉亚调式与吕底亚调式，F.李斯特作品中的吉卜赛调式，俄罗斯作曲家作品中的各类自然调式等。在和声的处理方面，下属组和弦得到强调，有时某个段落仅由下属组和弦与主和弦构成。大调副三和弦也得到重视，它们增加柔和的色彩，并使和声具有中古调式的风格特点。变格进行、阻碍进行以及三度根音关系的和声进行等也较普遍，这在李斯特、瓦格纳、俄罗斯作曲家与 E.格里格等人的作品中常可遇到。在和弦构成方面有加六度音的主和弦与属和弦、自然音范围的高度叠置和弦等。在和声的收束式方面，也出现了新的处理方式，如在结束处使用转位的主和弦；以Ⅲ级代替Ⅴ级的正格收束；Ⅵ级或Ⅱ级代替Ⅳ级的变格收束等。有时最后结束不在主和弦上。这一时期中，还有一些富于创造性而成为近代和声先驱的特殊手法，如：五声音阶和声（如在 А.П.鲍罗丁的作品中）；五度叠置和弦（如在李斯特的作品中）；复合和声（如在瓦格纳的作品中）；全音阶和声（如在 Н.А.里姆斯基－科萨科夫的作品中）等。

在 19 世纪后期大、小调体系和声发

展至极限的基础上，不少作曲家探索新的创作手法，或回复至古老的音乐风格，其结果都打破了过去200年来传统和声的规范。19世纪后期的音乐作品中，大小调式的区别已趋于消失，更由于半音化和声的发展，调性范围的扩大迅速地转换，带来了调性与和声功能意义的削弱与模糊。

• 创新时期

20世纪，在这基础上更进一步突破传统的观念，产生下列新的调性处理方式：1.泛调性，这种处理仍然保持调性的作用，但打破了传统调性的界限，不以三和弦、自然音阶为基础，也无功能性的和声进行，而通过一些新的方法来表现或暗示调性中心（主音或主和弦）的意义。有时，由于调中心不断变换，缺乏较固定、明确的调性感觉。2.多调性，两个以上不同的调性同时结合，即构成双调性或多调性，这是20世纪初开始流行的一种新的调性处理方法。每一个调性层次大都为自然音体系的传统调性，但当不同的调性叠置结合时，即产生了不协和的、矛盾的、有时甚至是很尖锐的和声效果。3.无调性，在半音阶的基础上，强调每个音都有同等的意义，避免和否定中心音的控制。这种处理排除了调性，调号也失去其意义而不再应用。取消了和弦结合的原则、根音的作用与和弦之间的内在联系。乐曲的结构不再依靠和声收束式来加以区分。

20世纪的和声手法，总的可概括为：和声思维的复杂化，和弦结构的多样化，和声进行的自由化与调性观念的扩大化。首先是将传统和声材料在使用方法上加以突破，创造新的和声效果，例如应用三度叠置和弦的平行进行；四六和弦与不协和弦的独立应用；无功能联系的远关系和弦的紧接；连续大二度、小三度或大三度的和声进行与复合和弦等。

在打破大、小调式的长期影响方面，广泛采用了各类中古调式、五声调式、某些民族的特殊调式、泛音音阶（同时包含增四度、小七度的大调式）、全音音阶、十二音音阶以及各类其他特殊的调式与音阶。这些新的调式音阶为和声的处理提供了不同于大、小调式的基础。

在和弦结构方面力求打破传统的三度叠置原则，并追求以往被认为是不协和的、粗糙的和声效果。例如建立在半音阶基础上的高层三度叠置和弦、采用四度叠置的方法、二度密集的音群、各种附加音与任何可能的结合，使和声纵的音响尖锐化、紧张化与复杂化。

另外，还有完全以自然音体系的各音作各种自由组合的和声处理方法，称"泛自然音体系"。

古诗词中的乐音——《琵琶行》

浔阳江头夜送客，枫叶荻花秋瑟瑟。主人下马客在船，举酒欲饮无管弦。
醉不成欢惨将别，别时茫茫江浸月。忽闻水上琵琶声，主人忘归客不发。
寻声暗问弹者谁？琵琶声停欲语迟。移船相近邀相见，添酒回灯重开宴。
千呼万唤始出来，犹抱琵琶半遮面。转轴拨弦三两声，未成曲调先有情。
弦弦掩抑声声思，似诉平生不得志。低眉信手续续弹，说尽心中无限事。
轻拢慢捻抹复挑，初为《霓裳》后《六幺》。大弦嘈嘈如急雨，小弦切切
如私语。

嘈嘈切切错杂弹，大珠小珠落玉盘。间关莺语花底滑，幽咽泉流冰下难。
水泉冷涩弦凝绝，凝绝不通声暂歇。别有幽愁暗恨生，此时无声胜有声。
银瓶乍破水浆迸，铁骑突出刀枪鸣。曲终收拨当心画，四弦一声如裂帛。
东船西舫悄无言，惟见江心秋月白。沉吟放拨插弦中，整顿衣裳起敛容。
自言本是京城女，家在虾蟆陵下住。十三学得琵琶成，名属教坊第一部。
曲罢曾教善才服，妆成每被秋娘妒。五陵年少争缠头，一曲红绡不知数。
钿头银篦击节碎，血色罗裙翻酒污。今年欢笑复明年，秋月春风等闲度。
弟走从军阿姨死，暮去朝来颜色故。门前冷落鞍马稀，老大嫁作商人妇。
商人重利轻别离，前月浮梁买茶去。去来江口守空船，绕船月明江水寒。
夜深忽梦少年事，梦啼妆泪红阑干。我闻琵琶已叹息，又闻此语重唧唧。
同是天涯沦落人，相逢何必曾相识。我从去年辞帝京，谪居卧病浔阳城。
浔阳地僻无音乐，终岁不闻丝竹声。住近湓江地低湿，黄芦苦竹绕宅生。
其间旦暮闻何物？杜鹃啼血猿哀鸣。春江花朝秋月夜，往往取酒还独倾。
岂无山歌与村笛？呕哑嘲哳难为听。今夜闻君琵琶语，如听仙乐耳暂明。
莫辞更坐弹一曲，为君翻作《琵琶行》。感我此言良久立，却坐促弦弦转
急。

凄凄不似向前声，满座重闻皆掩泣。座中泣下谁最多？江州司马青衫湿。

● 电影中的声音

电影声音是电影媒介基本元素之一。它使电影从纯视觉的媒介变为视听结合的媒介，使得过去在无声电影中是通过视觉因素表现出来的相对时空结构，变为通过视觉和听觉因素表现出来的相对时空结构。

第一部有声电影出现在1927年的爵士歌王，在这之前的1921年，声音的两种形式：唱片的声音和电影中的声音。但问题是起先收录声音大部分被来自摄像机的移动带来的巨大噪音掩盖，直到后来1930年改良的吊杆式麦克风才将这一问题解决。很多电影理论学家发现声音给电影带来的变化：Rotha认为电影将不会移动，Eisenstien则说声音并不会限制电影创作，而且对苏维埃蒙太奇系统能推进声音而寄予厚望。一位苏联导演曾说"声音是感官的同步"。

剧情声 〉

剧情声即场景内的声音，发生在故事场景中的声音，包括演员的话语、客观物体发出的声音、乐器的声音等等。达到最自然、真实的效果，同时又能够从讲故事的角度聚焦于听众和演员的主观意识。

电影声源形式 〉

电影声源有3种形式：人声、自然音响、音乐。从功能来说，它们具有互换性。例如，一声喊叫或群众的鼎沸声既是人声，也是环境音响；用小提琴极高音区发出的声音来表示鸟的尖叫，既是音乐，也是模拟自然音响。从一部完整的作品来看，各种声源都可用来构成一个最后的总和效果，就像一首交响曲那样。

画外音 〉

画外音即题外话，发生在故事场景之外的声音，比如添加音乐使故事向前推进，是画外音最常见的叙事手法。有些电影的声音完全由画外音所体现的。

• 人声

人所发出的由音调、音色、力度、节奏等因素所组成的声音以及人的话语。是

人类在交流思想感情中所使用的声音手段。

• 自然音响

除了人声以外，在电影时空关系中所出现的自然界的和人造环境中的一切音响或噪声。有时群杂声亦起自然音响的作用。

• 音乐

从纯音乐形式转化而来是电影视听手段的一个组成部分，由于它被纳入了电影的时空关系之中，从而获得一个为纯音乐所不具备的电影空间，因此其性质完全不同于纯音乐。电影音乐基本上分为声源处于事件或叙事空间的音乐和非事件或非叙事空间的音乐，前者如影片《城南旧事》中英子在音乐课上唱的《小麻雀》或《离别歌》，后者如影片《城南旧事》中片头出现的管弦乐队演奏的《离别歌》。

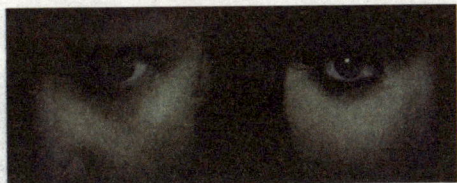

电影声音的功能 〉

人声、自然音响、音乐都具有下列功能：1.传达信息（理性的或感性的）。2.刻画人物性格（叙事性的或非叙事性的）。3.推进事件或故事的发展。4.表现环境气氛的一部分（包括时代与地方色彩）。这些功能往往在协同中发生效用。

电影声音的特性 〉

• 声音空间特性

有声电影的空间是由光和声音塑造的。摄影机的工作原理是借助于光、透镜

91

及感光胶片，把现实中的三维信息以纪实的方式输入到二维平面上，再投影在二维银幕上，造成三维的视觉运动幻觉，录音机则可忠实地纪录和还放空间里的声波（直达声、反射波、衍射波等）。单声道的录音系统可以忠实地体现声音的距离、纵深运动等空间特征。立体声系统还可以体现横向运动。因此它大大增强了银幕上二维影像的立体幻觉。例如，杯盘的碰撞声不仅是简单的音响效果，它还描绘了声源所处的空间，并且传达了使用者的情绪状态。声音的全方向性传播的特点及人耳全方向性的接收形成一个无限连续的声音空间，因此在事件或叙事空间以及超事件或超叙事空间中，声音没有画内画外空间之分，只是声源有画内画外之分。

声音体现的空间有：事件或叙事空间、超事件或超叙事空间、非事件或非叙事空间（如解说词或评价性音乐）。在事件或叙事空间中，看不见的声源的声音可形成极其丰富多变的空间变化，并创造出各种情绪气氛。

• 声音时间特性

声音的时间关系有 3 种：放映或观看时间、事件或叙事时间、观众欣赏的心理时间。放映时间与事件或叙事时间完全同步的时间叫作实时的时间，如多机位拍摄的一场实况演出。在故事片中很少有真正的"实时"影片。美国影片《正午》是罕

见的一例。它的故事是假设发生在 1 小时 45 分钟之内的，放映时间亦为 1 小时 45 分。放映时间与事件或叙事时间的不同步（如在 90 分钟的放映时间内表现了 20 分钟的事或 2000 年的事），构成观众的独特的心理时间。由于电影作品的时间是以 1/24 秒为最少时间单位的连续流程，因此它的心理时间更像音乐作品的欣赏时间，而不像戏剧的欣赏心理时间，更不像小说的阅读心理时间。

构成欣赏心理时间的可变因素是事件或叙事的时间。在这一时间范畴内，声音可以表现为现在、过去、将来 3 个时态以及这 3 个时态的各种同时性结合，如在苏联影片《湖畔奏鸣曲》中，医生在树下休

息时，过去（闪回）的声音与现在时态的远处的雷鸣声同时出现。

声带上一段时间连贯的声音（如对话）和时空不连贯的一系列画面结合起来，可以造成时空不连贯的幻觉，也可以造成时空连贯的幻觉，这是好莱坞电影中对话场面的正拍/反拍模式的依据。

一个声音可以通过重复来获得戏剧性的效果。例如在美国影片《邦妮和克莱德》中，破产的农民用手枪打已经抵押出去的农舍的玻璃窗，这声枪响出现在两个连续的镜头中（射击的镜头和玻璃窗的镜头）。

93

一个声音可以把两个不同的时空联系起来。例如，在苏联影片《这里黎明静悄悄》中，战争时期的女战士听见的一声布谷鸟叫与十几年后和平时期另一个姑娘抬头听见的一声布谷鸟叫的镜头接在了一起，从而把两个时代紧密联系起来作了鲜明的对比。

• 视听结合与声画结合

有声电影出现之初，无论是创作实践还是理论对声音的认识是局限的，因此出现"视觉为主论"。这种观点产生的原因有两个。一方面是历史的，即认为有声电影是无声电影的继续，视觉画面加上了声音，而电影应是视觉媒介。因此，德国电影理论家 R·爱因汉姆提出了有声电影的"存在本身是否合理这样一个更为根本的问题"。另一方面是对电影本身认识的角度问题。一般都认为摄影机高于录音机。德国电影理论家 S·克拉考尔是这一观点的代表，他在《电影的本性》一书中提出："视觉形象在其中（指电影）占首要地位时，它才是符合电影的精神的。这个要求是合乎情理的，因为电影的最独特的贡献事实上无可置疑地是来自摄影机，而不是录音机。"

有声电影经过60年的发展，科学技术的进步，电子—

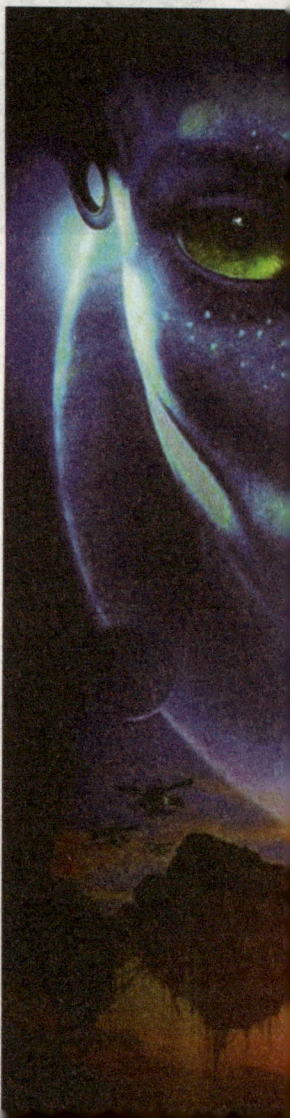

感光传播媒介系统的形成与发展，使人们不再从无声电影到有声电影的继承性来认识有声电影，不再认为电影是视觉画面加上声音，而认为电影艺术的视觉与听觉效果同时共存、相互作用、互为依存。本体论的观点也改变了，认识到无声电影的最独特贡献来自摄影机，无线电广播（电声学）的最独特贡献来自电声收录还放设备，而有声电影使用的工具则是摄影机和录音机。由此出现了视听相对平衡的观点并进一步产生了视听结合（或称声画结合）的观点。由此许多以视觉为主的声音术语也随之起了变化。例如，过去把不出现在画面上的声源发出的声音称为"画外音"。之后认为，一个空间的声音是不受画框限制的，声音不能以人眼看见与否，而应以人耳听见与否作为分类标准。一个人听见一种音乐往往引起要看到声源的愿望，但是，一个人能听见自己的声音，却看不见自己。

• 结合的效果

有声电影是对外部世界的视听感知。人的视觉感官和听觉感官以不同的方式互相配合起来感知外界（当然还有嗅觉、触觉和味觉等感官）。人眼的视网膜感受的是光波，它有一定的视野（角度），瞳孔可以调节光通量，两眼的视差可以判断物体的距离和大小，并可以辨别色彩。人耳不同于人眼的功能，人耳的耳鼓可以接受全方向性的声波（声音信息），没有固定局限的角度。只是两耳在接受声波时有一相位差，所以人的听觉世界在任何时候都是一个无限连续的声音环境，而同时又可以辨别出声源的方位、距离和运动方向，但不如视觉那样精确。电影的摄影系统和录音系统可以模仿人眼和人耳的功能及其相互的配合作用。这是声画同步概念产生的根据。

光波（即电磁波的可见光谱）的速度

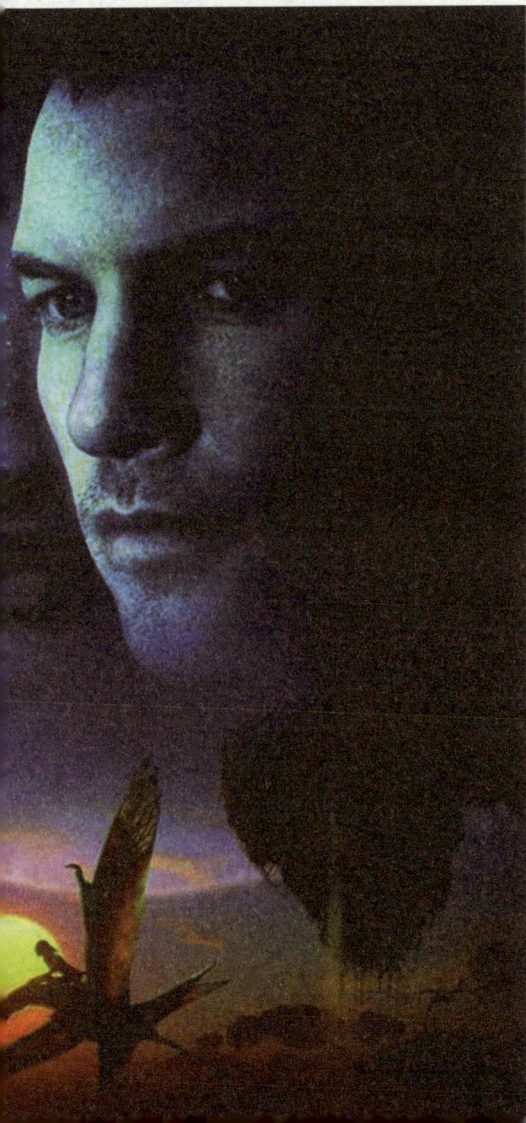

95

为每秒 30 万千米，声波的速度为每秒 340 米，人的视觉神经的传递速度为每秒 1200—1400 米，人的听觉神经的传递速度为每秒 800—1200 米。光波与声波之间的速度有差别，视听神经之间也有差别，这构成极其复杂而丰富的视听关系。

例如，电影作曲家们发现这样一种现象，他们脱离了画面，按要求谱写一段 15 秒长的音乐，但是在混录时，对着银幕上的动作演奏时却感到音乐的节奏快了。反之，一段动作性极强的段落取消了同步的声音就显得慢了。这种对所有的观众都产生同样的效果的现象称作视听生理—心理效应。视听效应是视听结合的最低层次。美国导演 A. 希区柯克的影片所依靠的主要是视听效应。

人凭借生活经验的积累能获得一种肌肉运动的记忆，摇镜头、仰俯拍都能引起一定的似动感，这和空间感、方位感、运动感结合能产生强烈的身临其境的感觉。例如，在银幕上处于阴影里的一张脸突然大喊一声时，观众会觉得银幕上的脸亮了一些。这是因为声音引起观众把视点聚焦在阴影下的那张脸上，瞳孔重新做了调整。

又如，银幕上传来看不见声源的声音，引起银幕上的人把头转向左方，于是观众就产生那声音确实来自画外的幻觉。如果那个人物进一步把头移向画框左侧，画框右侧是空的，这时观众就会把视线中心移到画框左侧的那张脸上，结果形成观众视野右半区落在银幕的左半区，而视野的左半区却落在左画框外，于是形成强烈的画外空间感。这不仅涉及观赏者的文化水平，而且还涉及观赏者或创作者的民族或地域的文化特征。

光影、色彩的饱和度和声音、尤其是音乐性的声音有着微妙的心理关系，因此在电影中所考虑的是视听结合的饱和度。例如感情强烈的音乐可以使一片白雪茫茫的画面达到饱和，而色彩达到饱和的影像可以不需要音乐的加强。又如，笛子的高音区的音色可以给视觉画面铺设一层凄凉的色彩。色彩同样可改变音乐的情调。

声画结合亦可借用多声部变调音乐的对位。例如，美国影片《胜利者》在圣诞节枪毙逃兵的段落，使用了圣诞节的抒情

节日歌曲与视觉上跳跃的枪毙逃兵的场景对位的手法，不仅造成了反战思想强烈冲击的效果，而且给那悠扬的音乐蒙上了一层悲惨的色彩。

另一种对位的方法是造成视听反常的现象，以引起观众的思考。例如，声带上传来原子弹爆炸及冲击波的声音，但是银幕上却是一片宁静的景象，从而使观众产生疑问：是否爆发了一场原子战争？

▶ 配音

　　配音是为影片或多媒体加入声音的过程。而狭义上指配音演员为角色配上声音，或以其他语言代替原片中角色的语言对白。同时由于声音出现错漏，由原演员重新为片段补回对白的过程亦称为配音。录制摄影时演员的话音或歌声用别人的替代，也称为"配音"。配音是一门语言艺术，是配音演员们用自己的声音和语言在银幕后、话筒前进行塑造和完善各种活生生的、性格色彩鲜明的人物形象的一项创造性工作。除了默剧动画，所有动画都会有配音。而代替原语言的配音最常见在电影制作中，但在很多电视节目、剧集和动画也会配音。外语电影及影片经过地道语言的配音后令当地的观众更容易接受，从而提升受欢迎程度。

● 动物世界中的声音

声音世界是广阔的。早在数百万年前，自然界的动物就开始利用声音了。清晨，当泥土携来芬芳潮湿的气息时，对面的大榕树上就会传来一阵阵此起彼伏的鸟叫声，如同黎明的前奏，悄悄地翻开新的篇章，诠释着或热闹或嘈杂的一天的开始。细细倾听，又忽而觉得它们是在争吵，在议论纷纷。你一言我一语，争论不休。尔后，它们就开始了独奏音乐会，婉转悠扬的啼唱就好似三月的竖琴一般，震颤着心间最柔软的神经，又仿若在沙漠中听到清泉一般，使人兴奋不已。

动物的语言 >

在动物的各种感觉中，要数对听觉和声音信号的含义研究的最多。视觉常受某些因素所影响，如太阳光的影响，而声音却是种类繁多、变换无穷的。声音是振动，是介质的机械运动。

动物活动时，如咀嚼、行走、飞行等都能发出声音，动物也用这些声音传递信息，像雌蚊双翅飞行时的声音能引诱雄蚊。但是，它们大部分是噪声，不作为信号使用。

动物用以通讯的信号多是由专门的器官发出的。

"知了"的学名叫蚱蝉，它是昆虫中有名的歌手，在昆虫世界中，数它的音量大、歌唱时间长。雄知了才有歌唱本领，雌性不会发声。它们的叫声是怎样发出来的呢？研究得出，在知了腹部第一节的两

SHENGYINDEMOLI

侧，各有一些弹性强的薄膜，叫作声鼓，外面覆有盖板保护。发达的肌肉牵拉着声鼓，肌肉收缩时，声鼓向里，肌肉松弛时，声鼓外突。它们每秒振动130—600次，知了就发出连续不断的叫声。此外，在盖板和声鼓间有个空腔，叫作共振室，其作用就像我们喜爱的音箱一样，使声鼓的叫声动听、嘹亮。

青蛙的发音器官为声带。位于喉门软骨上方。有些雄蛙口角的两边还有能鼓起来振动的外声囊，声囊产生共鸣，使蛙的歌声雄伟、洪亮。雨后，当你漫步到池塘边，你会听到雄蛙的叫声彼此呼应，

汇成一片大合唱。科学工作者指出，蛙类的合唱并非各自乱唱，而是有一定规律，有领唱、合唱、齐唱、伴唱等多种形式，互相紧密配合，是名副其实的合唱。据推测，合唱比独唱优越得多，因为它包含的信息多；合唱声音洪亮，传播的距离远，

能吸引较多的雌蛙前来，所以蛙类经常采用合唱形式。

鸟类由气腔和气柱的共鸣产生声音，气腔或者嘴的张开和闭合能改变声

音的性质。哺乳动物则是靠气流运动引起声带的振动而发声的。蝙蝠等一类动物能发出频率高于2万赫兹的超声波，人耳对这种频率的声音只能望尘莫及。因为人类的听力有限，听到的声波频率约在16—2万赫兹的范围内。我们常常看见倒挂在树枝上的蝙蝠，不停地转动着嘴和鼻子。其实，它每秒钟在向周围发出

10—20个信号，每个信号约包含50个声波振荡，这样，信号中不会出现两种完全相同的频率。飞行时，蝙蝠在喉内产生超声波，通过口或鼻孔发射出来。声波遇到猎物会反射回来，正在飞行的夜蛾对反射波产生压力，飞行速度愈快，压力愈大，回声声波的频率就愈高。蝙蝠正是用这种回声，探测夜蛾和其他物体，并据此知道作为食物的夜蛾的位置，从而立即追捕它们。夜蛾反以这种超声波作为信号，逃避蝙蝠的追捕。

动物发出的声音有各种特性，它们用调控音节的长短、强弱，增减音节的数目，调节音节的间隔和频率等方法把上述各种特性按不同的组合，结合成许多迥然不同的声音，可以构成极为丰富的声音语言，能传递数不清的信息。

在动物发展了丰富多彩的发音器官和发声方式的同时，它们还发展和完善了分辨声音和感受声音的感觉器官——听觉。发声和听觉两者相辅相成，又促进它们的通讯进一步发展完善，使之更为有效、灵敏和准确。

• 鸟类的语言

许多鸟是鸣唱的能手，英国的生物学家别出心裁地制作了一颗鸟卵，其形状、大小、色泽和重量与真正的鸟卵一模一样。只是该卵由玻璃纤维制成，内装高灵敏接收仪和袖珍无线电发射仪。科学工作者把这枚"鸟蛋"放在鸟巢中，骗过了鸟妈妈，鸟把这枚电子鸟蛋当作了真蛋一样地孵化，

生物学家由此搜集了大量的鸟语的情报。

鸟类通讯的声音语言相当丰富，有寻求配偶的鸣唱，有互相联络的歌声，还有

义，对揭示"鸟语"的奥秘颇有助益。

　　了解到鸟语的信息内容，就有可能利用它们的语言，定向地管理鸟类。法国农民对乌鸦毁坏作物、盗食谷物的行径深恶痛绝。为此，法国科学工作者研究了乌鸦的控制问题。他们把乌鸦挣扎时的痛苦凄叫声用录音机录下再拿到田间播放，附近的乌鸦纷纷惊慌而逃，10天内，这群乌鸦再也不敢飞抵这个地方。这个实验表明，利用动物的声音信号控制它们的危害取得了较好的效果。

　　一些体型大的鸟类靠近机场，误钻飞机涡轮机，造成飞机失事，这是比较严重的一个问题。以前，人们曾使用强烈的噪声，如爆炸声或枪声驱逐它们，也用来驱逐其他有害动物，然而动物很快会适应这种声音，噪声变得对它们不起作用，却影响着人类的健康。再加上这种方法费时费力，所以未被人们普遍接受。人们可以模拟动物的声音信号，驱散有害鸟群；录制诱集信号，招引益鸟，啄食害虫。

报警、示威的鸣叫，更有亲鸟与幼鸟的联系信号，种种不一而足。佛令斯博士发现鸟类也有方言、土语。他指出，正像美国人讲英语、法国人讲法语一样，美国乌鸦的"语言"和法国乌鸦的"语言"也不相同。

　　有时，在同一地区生活的鸟类，并非属于同种，却能互相熟悉彼此的部分语言含意。例如，当一种鸟遇险发出报警叫声，其他的鸟虽然与报警者不是同一种类，听到这种叫声，也呈现惊悚或躲避的反应，这说明它们也明白了其中含意。为什么会有这种现象呢？分析其原因，可能由于它们朝夕相处在一起，彼此熟悉了相互的部分语言的缘故。

　　美国哥伦比亚大学的鸟类学家对鸟语进行了系统的研究，他们汇集了各种研究成果，编成一本《鸟类语言学词典》，统计了两三千种叫声，解释了它们的内容和词

声音的魔力

动物的听觉 〉

　　动物的听觉器官——耳朵出现得较晚。蚊子是由触须上的毛来"听"的；一

些蝗虫的"耳膜"在腿上；夜蛾的听觉器官在身体两侧。昆虫似乎多不能辨别音调的高低，但是对声音的强度极为敏感，还会利用声脉冲的节奏特点。各种昆虫对不同频率的声音感受不同，小飞蛾能听到超声波。前面说到，蝙蝠发射超声波寻找蛾类，以便捕食。夜蛾是蝙蝠的主要食

物之一，夜蛾能听到蝙蝠发出的超声波，接到这些信号后，有时逃开，有时收起翅膀迅速滑落至地面，以躲避蝙蝠的追捕。不仅如此，夜蛾本身也能发出高频率的超声波，以干扰蝙蝠的通讯系统，保护自己。

　　脊椎动物中，鱼首先获得了听觉器官，这是由迷路分离出来的一部分，逐渐发展成柯蒂氏器官的耳蜗。柯蒂氏器官是重要的听觉器官，结构完善，还能感受环境中微小的压力变化。在环境介质的

是产生听觉。

每种动物的听力不同，狗能听见每秒38000赫兹的频率；海豚和鲸能听见每秒100000—125000赫兹的频率；听力冠军似乎应该属于蝙蝠，它能听到每秒300000赫兹的频率。如果人类也有了这样的听力，那么我们就如置身飞机场一样，耳边终日有雷鸣般的轰响，不得安宁。可想而知，我们认为的宁静夜晚，对蝙蝠将是充满刺耳音响嘈杂的空间了。

影响下，耳鼓产生的振荡，经听觉小骨系统传到卵圆窗和迷路液，再把振荡传到柯蒂氏器官，柯氏器官的纤维发生共振，刺激受听觉神经支配的相应感受器，于

动物应该有多少只耳朵呢？一些动物，特别是高等动物，生有两只耳朵。我们知道，一般声音不会在同一时刻进入两只耳朵，除非颜面正对着发声方向才

同时听到声音，狐要不断地转动头部，调整声音进入双耳的时间，才能判断声音的方位。

有可能。有人统计了狐的听力，它们两只耳朵相距10厘米左右，声音进入两只耳朵间的时间差只有3×10^{-11}秒，为了让两耳

动物发出声音用以在同类间进行通讯的事例是很多的，声音信号的内容也极为丰富。我们的祖先早就知道鳄能发声。古代记载了"吴越之人以鼍应更"，鼍指的是扬子鳄。我国江浙一带栖居着扬子鳄，是我国特有的动物，各国科学家对这种动物很感兴趣。扬子鳄的吼叫如同密集击鼓的声音。一只雄鳄占有的领地，不许其他雄鳄进入。遇有闯入者，主人就

会大声威胁，责令入侵者退出，否则将发生一场恶斗。

雌鳄把卵产于岸边的沙中，它可以连续80余日不吃不喝，耐心地守候其旁。待沙土内的小鳄在蛋壳中发出咯咯声音，越叫越响，20米外都能听清楚，它们的父母就在此时用前爪和嘴巴拨开沙土，小心翼翼地把鳄蛋一个个地叼出来。有趣的是，蛋到了父母嘴中以后，小鳄立刻停止尖叫，只发出软绵绵的"吱吱"声。雄鳄和雌鳄把蛋放到水里，轻轻挤压，蛋壳破裂，小鳄即进入水的世界。小鳄聚集在一起集体行动，用声音与雌、雄鳄保持联系，遇有危险，立刻尖声呼叫，父母马上前来护卫。

苏联科学家研究了鸡孵蛋的过程，发现小鸡在出壳前也是频频发声，并越叫越响。母鸡则以咕咕咕地叫声安慰它们，似乎在与小鸡交谈。鸡和蛋的对话持续数小时，小鸡纷纷破壳而出，小鸡的出壳时间前后相差不多。奇怪的是，若用孵化器人工孵卵，小鸡出壳时间参差不齐，要持续2—3昼夜。科学家认为，这种前后不齐的现象，是由于缺少鸡和蛋的信息联系的结果。他们在人工孵卵时，把小鸡的声音传给母鸡，又定期地把母鸡的声音通过扬声器放给小鸡听，结果小鸡出壳的时间就缩短了，说明母鸡和蛋的对话，对于蛋的孵化有重要作用。

鸟儿为什么要唱歌？

当春天来临的时候，沉寂了一个冬天的鸟儿开始放声歌唱。但为什么春天一来了鸟儿就要唱歌呢？

科学家们通过一项研究发现：鸟儿一到春天就开始唱歌，是因为鸟类特殊的大脑细胞与阳光的共同作用，也是鸟类一种独特的荷尔蒙生理反应。该研究项目是由来自于日本名古屋大学和英国爱丁堡罗斯林协会的研究人员共同完成的，他们已经将这一研究成果发表在《自然》杂志上。

据该项目研究小组的负责人、来自于日本名古屋大学的吉村隆教授介绍，他们通过实验发现，当春天来临时，鸟儿就开始唱歌是因为春天日照时间比冬天要长，鸟儿大脑内的细胞受这种日照时间延长的刺激影响，其体内便开始分泌荷尔蒙。

荷尔蒙是动物体内分泌系统分泌的能调节生理平衡的激素的总称，它对动物体新陈代谢内环境的恒定，器官之间的协调以及生长发育、生殖等起调节作用。在荷尔蒙的刺激作用下，鸟儿睾丸分泌激素的能力开始增强。达到一定程度后，鸟儿开始有了寻找配偶的需求，它们开始唱歌以此来吸引异性。所以，一般春天也是鸟儿繁殖期的开始。

声音的应用

麦克风 〉

麦克风，学名为传声器，是将声音信号转换为电信号的能量转换器件，由Microphone翻译而来。也称话筒、微音器。20世纪，麦克风由最初通过电阻转换声电发展为电感、电容式转换，大量新的麦克风技术逐渐发展起来，这其中包括铝带、动圈等麦克风，以及当前广泛使用的电容麦克风和驻极体麦克风。

• 麦克风的历史

麦克风的历史可以追溯到 19 世纪末，贝尔等科学家致力于寻找更好的拾取声音的办法，以用于改进当时的最新发明——电话。期间他们发明了液体麦克风和碳粒麦克风，这些麦克风效果并不理想，只是勉强能够使用。

1949 年，威尼伯斯特实验室（森海塞尔的前身）研制出 MD4 型麦克风，它能够在嘈杂环境中有效抑制声音回授，降低背景噪音。这就是世界上第一款抑制反馈的降噪型麦克风。

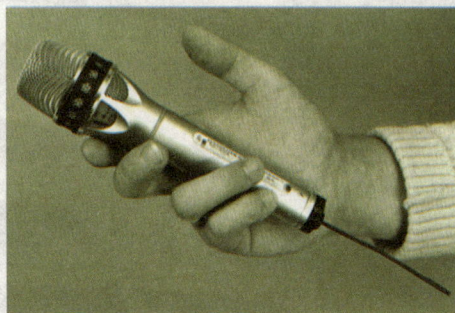

1961 年，德国汉诺威的工业博览会上，森海塞尔推出了 MK102 型和 MK103 型麦克风。这两款麦克风诠释了一个全新的麦克风制造理念——RF 射频电容式，即采用小而薄的振动膜，具有体积小、重量轻的特点，同时能够保证出色的音质。另外，这种麦克风对电磁干扰非常敏感。它们对气候的影响具有很强的抗干扰性能，非常适用于一些全新的领域，例如，探险队使用，日夜在室外操作，面对温差极大的、气候恶劣的户外条件，该麦克风仍然表现出众。

森海塞尔专门为音乐家设计制造的第一款麦克风曾在 1967 年的消费者电子产品博览会上展出。黑色与金色相间的 MD409 型是典型的立式麦克风，它的平面设计形状堪称森海塞尔的经典之作，而和它类似的 MD415 主要是一款手持式麦克风。它是最坚固的话音麦克风之一，其

质，工程人员进行了大量的测量和改进工作来创造更加适合的频率响应。这只坚固的麦克风声音干脆、毫不含糊，对操作噪声也有很强的抑制性。冲击声过滤器可以确保舞台上的低频噪声不会影响声音的完美再现。

随后推出的超心型 MD429 "音棚之声" 则是专门为演播厅设计开发的产品。它的近讲效果与指向性麦克风类似，但这

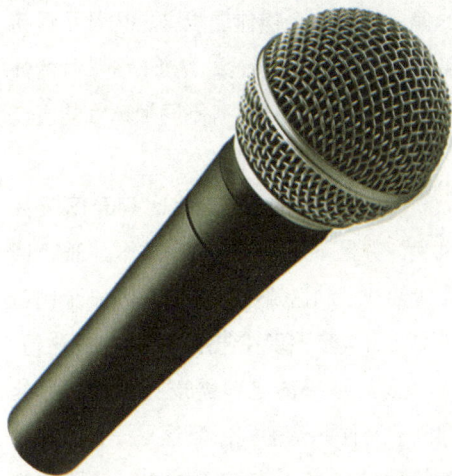

重低音外壳全部是纯手工制造，然后镀金。这两款超心型麦克风很快便成了音乐家们的理想选择。他们对 MD421 的钟爱与日俱增。后来森海塞尔又推出了黑金相间的 MD421 豪华版，其产品手册中称它为 "闪耀的金光"。

1978 年森海塞尔又推出心型动圈式 MD431 舞台麦克风，人送绰号 "潜能"，它绝对拥有成为表演巨星的潜质。为了自然地再现乐器的曼妙声音和独奏的特殊音

种效果和对噼啪声的敏感度都被降到最低。其另外一个品质特点是：由于采取了更加复杂的弹簧悬吊系统，麦克风的操作噪声也大大减弱。同时推出的还有 "具有专业设计的业余麦克风" MD427 型动圈式话音麦克风，它同 "潜能" 在音质特点和外形特征上都很相似。

20 世纪，麦克风由最初通过电阻转换声电发展为电感、电容式转换，大量新的麦克风技术逐渐发展起来，这其中包括铝带、动圈等麦克风，以及当前广泛使用的电容麦克风和驻极体麦克风。

113

的偏置将使整个操作温度范围内都可保持稳定的声学和电气参数。MEMS 芯片的外部偏置还支持设计具有不同敏感性的麦克风。

传统 ECM 的尺寸通常比 MEMS 麦克风大，并且不能进行 SMT 操作。SMT 回流焊简化了制造流程，可以省略一个制造步骤，而该步骤现在通常以手工方式进行。

IC 与驻极体电容器麦克风内信号处理电子元件并无差别，但这是一种已经投入使用的技术。在驻极体中，必须添加 IC，而在 MEMS 麦克风中，只需在 IC 上添加额外的专用功能即可。与 ECM 相比，这种额外功能的优点是使麦克风具有很高的电源抑制比。也就是说，如果电源电压有波动，则会被有效抑制。

• 麦克风的特点

大多数麦克风都是驻极体电容器麦克风（ECM），这种技术已经有几十年的历史。ECM 的工作原理是利用具有永久电荷隔离的聚合材料振动膜。

与 ECM 的聚合材料振动膜相比，MEMS 麦克风在不同温度下的性能都十分稳定，不会受温度、振动、湿度和时间的影响。由于耐热性强，MEMS 麦克风可承受 260℃的高温回流焊，而性能不会有任何变化。由于组装前后敏感性变化很小，这甚至可以节省制造过程中的音频调试成本。

MEMS 麦克风需要 ASIC 提供外部偏置，而 ECM 则不需要这种偏置。有效

114

扬声器 〉

扬声器在音响设备中是一个最薄弱的器件, 而对于音响效果而言, 它又是一个最重要的部件。扬声器的种类繁多, 而且价格相差很大。音频电能通过电磁、压电或静电效应, 使其纸盆或膜片振动并与周围的空气产生共振（共鸣）而发出声音。按换能机理和结构分动圈式（电动式）、电容式（静电式）、压电式（晶体或陶瓷）、电磁式（压簧式）、电离子式和气动式扬声器等, 电动式扬声器具有电声性能好、结构牢固、成本低等优点, 应用广泛; 按声辐射材料分纸盆式、号筒式、膜片式; 按纸盆形状分圆形、椭圆形、双纸盆和橡皮折环; 按工作频率分低音、中音、高音, 有的还分成录音机专用、电视机专用、普通和高保真扬声器等; 按音圈阻抗分低阻抗和高阻抗; 按效果分直辐和环境声等。

扬声器分为内置扬声器和外置扬声器, 而外置扬声器即一般所指的音箱。内置扬声器是指MP4播放器具有内置的喇叭, 这样用户不仅可以通过耳机插孔还可以通过内置扬声器来收听MP4播放器发出的声音。具有内置扬声器的MP4播放器, 可以不用外接音箱, 也可以避免了长时间配戴耳机所带来的不便。

• 扬声器的种类

目前使用的扬声器种类很多。按其工作原理，可以分为电磁式、电动式、压电式、静电式、离子式、气流变换式、气流调制式等等。但目前在高保真系统中用来放音的扬声器主要是采用电动式扬声器。到目前为止，扬声器依然是高保真放音系统中最薄弱的环节。因此，想获得优良的放音效果，如何选择扬声器是很重要的。

• 扬声器构造

我们最常见的是电动式锥形纸盆扬声器。电动式锥形扬声器即过去我们常说的纸盆扬声器，尽管现在振膜仍以纸盆为主，但同时出现了许多高分子材料振膜、金属振膜，用锥形扬声器称呼就名符其实了。锥形纸盆扬声器大体由磁回路系统（永磁体、芯柱、导磁板）、振动系统（纸盆、音圈）和支撑辅助系统（定心支片、盆架、垫边）等三大部分构成。

1. 音圈：音圈是锥形纸盆扬声器的驱动单元，它是用很细的铜导线分两层绕在纸管上，一般绕有几十圈，又称线圈，放置于导磁芯柱与导磁板构成的磁疑隙中。音圈与纸盆固定在一起，当声音电流信号通入音圈后，音圈振动带动着纸盆振动。

2. 纸盆：锥形纸盆扬声器的锥形振膜所用的材料有很多种类，一般有天然纤维和人造纤维两大类。天然纤维常采用棉、木材、羊毛、绢丝等，人造纤维刚采用人造丝、尼龙、玻璃纤维等。由于纸盆是扬声器的声音辐射器件，在相当大的程度上决定着扬声器的放声性能，所以无论哪一种纸盆，要求既要质轻又要刚性良好，不能因环境温度、湿度变化而变形。

3. 折环：折环是为保证纸盆沿扬声器的轴向运动、限制横向运动而设置的，同时起到阻挡纸盆前后空气流通的作用。折环的材料除常用纸盆的材料外，还利用塑料、天然橡胶等，经过热压粘接在纸盆上。

4. 定心支片：定心支片用于支持音圈和纸盆的结合部位，保证其垂直而不歪斜。定心支片上有许多同心圆环，使音圈在磁隙中自由地上下移动而不作横向移动，保证音圈不与导磁板相碰。定心支片上的防尘罩是为了防止外部灰尘等落入磁隙，避免造成灰尘与音圈摩擦，而使扬声器产生异常声音。

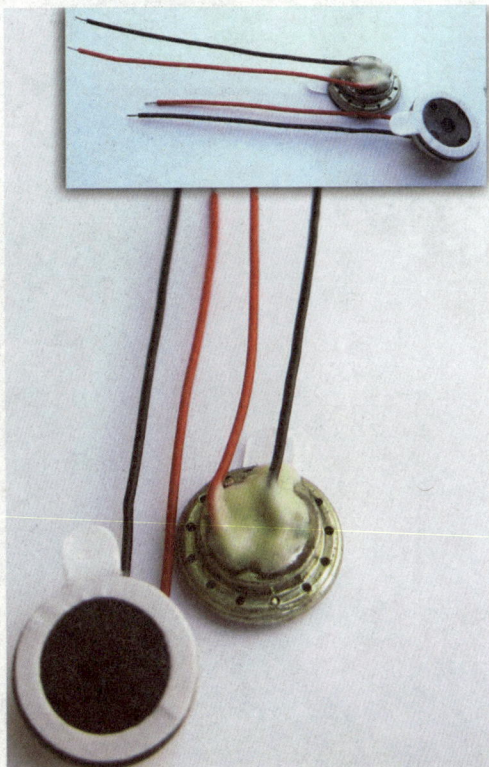

助听器 >

　　助听器是一个有助于听觉障碍者改善听觉障碍，进而提高与他人会话交际能力的工具、设备、装置和仪器等。助听器有电力的和非电力的两类，后者目前已被废弃。前者又有电子管式和晶体管式两种。晶体管式助听器最为灵巧轻便，于1950年问世后已取代电子管式而被普遍采用。广义上讲凡能有效地把声音传入耳朵的各种装置都可以看作为助听器，狭义上讲助听器就是一个电声放大器，通过它将声音放大使聋人听到了原来听不清楚、听不到的声音。

· 助听器简史

助听器是一种供听障者使用的、补偿听力损失的小型扩音设备，其发展历史可以分为以下 7 个时代：手掌集音时代、炭精时代、真空管、晶体管、集成电路、微处理器和数字助听器时代。人类最早、最实用的"助听器"可能是听障者自己的手掌。将手掌放在耳朵边形成半圆形喇叭状，可以很好地收集声音。虽然这种方法的增益效果仅为 3dB 左右，而且也不是现代意义上的助听器，但是，这是最自然的助听方法。直到现在仍然可以看到一些老年人在倾听别人讲话时用手掌来集音的情况。许多哺乳动物都有硕大的耳朵，所以它们的听力比人要好得多。

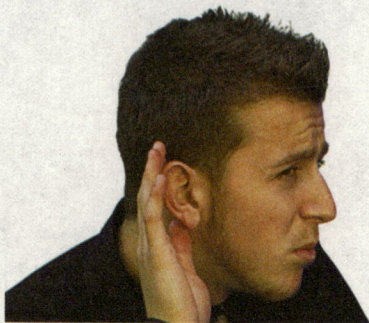

受到手掌集音的启发，一些有心人先后发明了各种形状的、简单的机械装置，

如像喇叭或螺号一样的"耳喇叭"，木制的"听板"、"听管"，像帽子和瓶子一样的"听帽"、"听瓶"，像扇子和动物翅膀一样的"耳扇翼"，以及很长的像听诊器一样的"讲话管"，等等。由于人们认为听管越长集音效果越好，所以有的听管竟长达几十厘米，甚至一米多。听别人讲话时用手拿着听管伸到别人的嘴边，样子滑稽可笑，但却使聋人提高了听力。同时，也提醒讲话者尽量大声讲话。这种简单的机械助听装置一直使用了几百年，直到19世纪，才逐渐被炭精电话式助听器取代。

1878年，美国科学家Bell发明了第一台炭精式助听器。这种助听器是由炭精传声器、耳机、电池、电线等部件组装而成。

1890年，奥地利科学家Ferdinant Alt制备出了第一代电子管助听器。

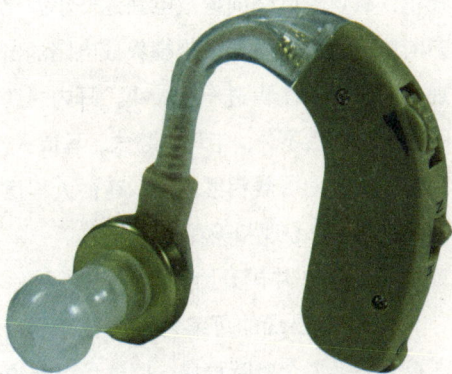

1904年，丹麦人Hans Demant与美国人Resse Hutchison共同投资批量生产助听器。到20世纪40年代，已经有气导和骨导两种类型的助听器了。这个时期的助听器在技术上已经有了较大的发展和提高，虽然能够满足一些聋人的需要，但是，还有许多缺点，如噪声太大、体积笨重如17英寸电视机、不易携带等。

1920年，热离子真空管（热阴极电子管）问世不久，就出现了真空管助听器。随着真空管技术的不断发展，助听器体积逐渐变小，实现了主机和电池的分离。1921年，英国生产了第一台商业性电子管助听器。由于电子管需要两个电源供电（一是加热电子管中的灯丝，使之发放电子；二是驱动电子通过电栅到达阳极），因此这种助听器体积大而笨重，虽然增益和清晰度较好，但几乎无法携带。随着时间的推

121

移，汞电池代替了锌电池，使电池的体积显著减小，电池与助听器终于可以合为一体了。第二次世界大战时，出现了如印刷电路和陶瓷电容等新技术材料，使得一体式助听器的体积显著缩小，这样，助听器就可以随身携带了。逐渐地，助听器也采用了削峰和压缩等技术。

1943 年，开始研制集成式助听器，将电源、传声器和放大器装在一个小盒子内，为现代盒式助听器的雏形。同年，丹麦建立了两家工厂批量生产助听器，一家是 Oticon，一家是 Danavox。助听器的体积也越来越小，最后竟能像香烟盒一样大，携带已非常方便。

1948 年，半导体问世，电子工程师们立即将半导体技术应用于助听器，获得较好效果。采用一部分半导体元件，可以使助听器的体积进一步缩小，如果全部采用半导体元件，声反馈将不可避免。

1953 年，晶体管助听器问世，使助听器向微型化发展提供了可能性。1954 年，出现了眼镜式助听器。为了避免声反馈，设计者将接受器和麦克风分别装在两边的眼镜腿上，但未能实现双耳配戴。1955 年，推出了整个机身都在单个镜腿上的眼镜式助听器，使双耳同时配戴助听器成为可能。

1956 年，制成了耳背式助听器，不仅体积进一步减小，优越性也超过了眼镜式和盒式助听器，成为全球销售量最大的助听器。

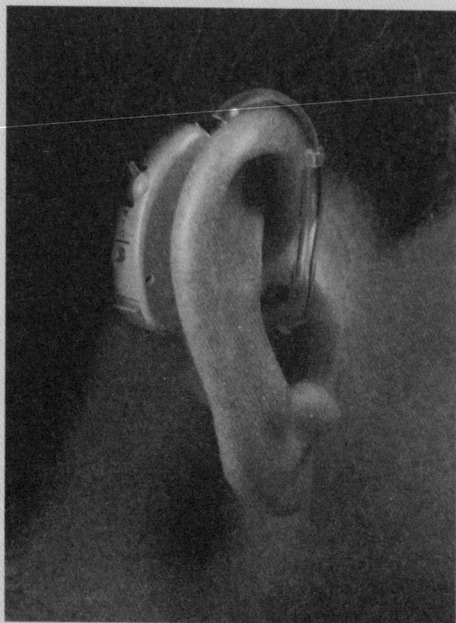

1957 年，耳内式助听器问世。新的陶瓷传声器频率响，克服以往压电晶体的不足。钽电容的出现使电容体积进一步减小，晶体管电路向集成电路这一小型化方向快速发展。随着大规模集成电路的出现，助听器的体积进一步减小，耳内式助听器出现以后不久，半耳甲腔式、耳道式、完全耳道式助听器相继出现，在很大程度上满足了患者心理和美观上的需要。

1958 年，中国开始生产盒式助听器。

1988 年出现的可编程助听器，利用遥控器变换多个聆听程序，以达到最舒适的听觉感受。可编程助听器采用广角麦克风和指向性麦克风助听器，可在日常生活中和嘈杂环境中运用不同的聆听模式，使听到的声音更为清晰。配戴指向性助听器的人虽然目光未投向您，但是他在专心收听您的讲话，故似乎有监听的特殊用途。据传，美国前总统克林顿就配戴这样的助听器。

集成电路的问世又迅速地取代了"晶体管助听器"，集成电路 IC 于 1964 年问世，其体重小，低耗电，稳定性更高。近年来随科学技术的飞速发展，助听器也逐步向智能化、体内化发展：1982 年"驻极体麦克风"的问世实现助听器微型化，灵敏度及清晰度更是达到了新的水平；而 1990 年随着"电脑编程助听器"的问世，助听器增益初步智能化调整，又让助听器达到了另一新水平。1997 年，"数字助听器"的增益智能化调整，使用极为方便，性能达到了更高的水平。

近年来又推出了"数码"助听器，数字信号处理能力极强，为选配提供更大的灵活性。

经历了一百多年的风风雨雨，今天的助听器已经有了耳内式、耳背式、盒式、眼镜式、发卡式、钢笔式、无线式等多种形状，助听效果明显提高。

助听器的种类

盒式助听器：又叫口袋式或袖珍式。体积似香烟盒，挂在胸前小袋内或衣袋内。主机经一根导线连接耳机插入外耳道内使用，其主要缺点是导线较长，既不美观又不方便。但因体积较大，可装置多种功能调节开关，提供较好的声学性能，并易制

成大功率型，以满足严重耳聋儿童的需要。以儿童和老人使用较多，占需求量的 5%—10%。中国生产的助听器以此型为主，因元器件较大容易制造，使用普通 5 号电池（或 7 号电池）很方便，价格也最便宜。

眼镜式助听器：同时能满足屈光不正和耳聋患者的需要，旧式的是将传声器（话筒）、放大器、受话器（耳机）、电池盒及各种功能开关全部安装在眼镜腿内；而近年则将普通眼镜的一只腿末端与耳背式助听器连接在一起，便于维修和更换。对于一耳全聋另一耳正常或一耳全聋另一耳部分聋者，创造所谓信号交联式助听器。其用途主要是帮助单耳全聋者接受全聋侧的

123

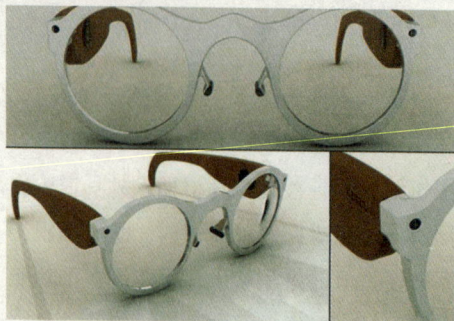

声刺激，以利于安全与对话，眼镜式助听器实现此功用较方便。本类型助听器除用于气传导方式外，也最适于制成骨导助听器。缺点是眼镜与助听器相互牵制，售价最贵。外形似眼镜，对使用耳背式助听器感到不美观的人有一定的掩饰作用。其他各方面性能均较差，是一种已经被淘汰的助听器。

耳背式助听器：形似香蕉曲度，伏于耳后，一般长约 4—5cm。受话器开口与一硬质塑料管制成的导声钩连接，把它挂在耳廓上缘根部，由此钩经软塑料管和耳模耳塞放进耳甲腔及耳道口助听，有些国家此型助听器发展最快，许多厂家可提供 30—50 种不同规格产品，功能逐渐增多。现已能制成大功率型或适用于低频残听为主的聋哑儿童所需的特殊型耳背式助听器。由于性能优良，机壳可制成各种肤色，伏于耳后为头发所隐蔽，往往不为外人发现，很能满足聋人心理要求。在某些国家已成为最受欢迎的普及型助听器，一般使用率达到 60% 左右。

定制式助听器：是"耳内式助听器"、"耳道式助听器"及"深耳道式助听器"的统称。定制式助听器的最大特点是根据我们每个人耳朵的形状去定做，适合个人的耳朵。这样配戴更舒服，容易取戴；能充分利用外耳的声音收集功能；比较不引人注目；可以正常的方式来接听电话。其中"深耳道式助听器"外形最小，利用外耳收集声音的功能更接近我们真耳，更不易被人发现。其可以抑制耳鸣的效果也最佳。但定制式助听器的价位也相对较高——尤其是"深耳道式助听器"（同品牌、同型号、同功率的情况下，最小的外形其价位也就

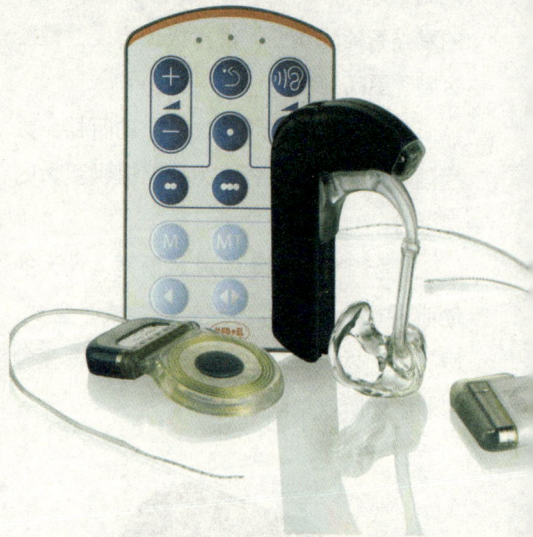

越高——针对"定制式助听器"而言！）

开放式助听器：又称为 Open Fit hearing aid。与传统的耳背机不同，轻巧纤细的导声管，富有一定的弹性，佩戴起来更加舒适。功率较传统耳背机低，验配

范围一般在 80dB 以下。适合轻度、中度损失用户。在欧美风行多年，带来助听器配戴的新风潮。

第一款开放式助听器诞生于 2003 年。目前国内许多品牌均推出自己的开放式助听器，但由于款式的新颖以及工艺的难度，目前价位并不低。

标准耳道机：定制机以小巧、隐蔽的特性，一直深受广大用户的喜爱。但定制机的制作，需要验配师现场取耳样，送工厂定制机壳，一般需 7—10 个工作日，用户可拿到机子。也正基于便利性的考量，许多公司纷纷基于定制机做出改良，经历结构工程师上达千次的试模，并深入研究人体耳道结构，制作出符合大多数人耳道使用的标准耳道机。

目前市场上有斯达克推出的 AMP 系列、新声推出的 BEE 以及 MCIC 系列。

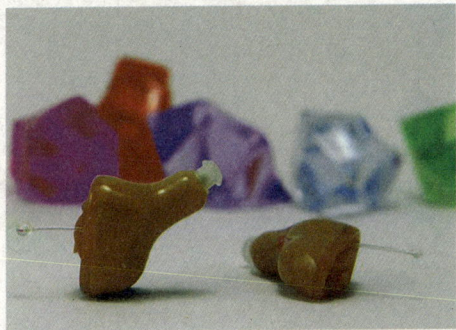

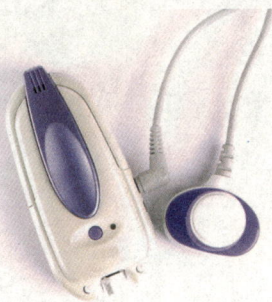

• 助听器的工作原理

助听器名目繁多，但所有助听器包括传声器（话筒）、放大器和受话器（耳机）这三个主要部分。传声器为声电换能器，将外界声信号转变为电信号，输入放大器后使声压放大到 1 万乃至几万倍，再经受话器输出这个放大后的声信号。助听器还应包括电源以推动机器工作。由于不同性质、不同程度的听觉损伤机能差异也不同，因此装置音量调节、音调调节、最大声输出调节、电话拾音等设备，以及 O–M–T（关断–话筒–电话）三挡开关都是不可缺少的。另外还设有削峰（PC）或自动增益控制（AGC）装置，以适合各种不同程度耳聋病人的需要。

耳聋患者绝大多数是感音神经聋，其中相当多的人具有重振阳性现象。他们对小声听取感到困难，但稍响的声音又难以忍受，响度感觉的动态范围明显缩小。由于电子学上采用自动增益控制（AGC）或削峰（PC）线路实现压缩和限幅功能，以使这类聋人较满意地应用助听器克服听觉障碍。

125

人类的第一声

　　1877年爱迪生发明了一种录音装置。可以将声波变换成金属针的震动，然后将波形刻录在圆筒形腊管的锡箔上。当针再一次沿着刻录的轨迹行进时，便可以重新发出留下的声音。这个装置录下爱迪生朗读的《玛丽有只小羊》的歌词："玛丽抱着羊羔，羊羔的毛像雪一样白"。总共8秒钟的声音成为世界录音史上的第一声。它轰动了世界。爱迪生一生取得了千余种发明专利权，其中留声机是最令他得意的。

图书在版编目（CIP）数据

声音的魔力 / 李应辉编著. -- 北京：现代出版社，
2016.7 （2024.12重印）

ISBN 978-7-5143-5223-8

Ⅰ.①声… Ⅱ.①李… Ⅲ.①声学－普及读物 Ⅳ.
①O42-49

中国版本图书馆CIP数据核字（2016）第160832号

声音的魔力

作　　者: 李应辉
责任编辑: 王敬一
出版发行: 现代出版社
通讯地址: 北京市朝阳区安外安华里 504 号
邮政编码: 100011
电　　话: 010-64267325　64245264（传真）
网　　址: www.1980xd.com
电子邮箱: xiandai@cnpitc.com.cn
印　　刷: 唐山富达印务有限公司
开　　本: 700mm×1000mm　1/16
印　　张: 8
印　　次: 2016年7月第1版　2024年12月第4次印刷
书　　号: ISBN 978-7-5143-5223-8
定　　价: 57.00 元